别让将来的你，
讨厌
现在不理智的自己

钟惠 ◎ 著

古吴轩出版社

中国·苏州

图书在版编目（CIP）数据

别让将来的你，讨厌现在不理智的自己 ／ 钟惠著.
— 苏州：古吴轩出版社，2017.6（2018.12重印）
ISBN 978-7-5546-0941-5

Ⅰ.①别… Ⅱ.①钟… Ⅲ.①成功心理—通俗读物
Ⅳ.①B848.4-49

中国版本图书馆 CIP 数据核字（2017）第 116125 号

责任编辑：蒋丽华
见习编辑：顾 熙
策 划：刘 吉
封面设计：韩庆熙

书　　名：别让将来的你，讨厌现在不理智的自己
著　　者：钟 惠
出版发行：古吴轩出版社
　　　　　地址：苏州市十梓街458号　　　　邮编：215006
　　　　　Http：//www.guwuxuancbs.com E-mail：gwxcbs@126.com
　　　　　电话：0512-65233679　　　　传真：0512-65220750
出 版 人：钱经纬
经　　销：新华书店
印　　刷：河北鑫兆源印刷有限公司
开　　本：900×1270　1/32
印　　张：8.5
版　　次：2017年6月第1版
印　　次：2018年12月第2次印刷
书　　号：ISBN 978-7-5546-0941-5
定　　价：36.00元

如发现印装质量问题，影响阅读，请与印刷厂联系调换。0312-2806333

目录

Part3
自控力：
不宠着自己的人总有好运气

Part4

断舍离：别把欲望当理想

Part5

界限感：
让别人的事归别人，让自己的事归自己

Part6
反洗脑：
不要轻易让别人把思想装进你的脑袋

PART 1

去情绪化：冲动是魔鬼

人们都说，青春是一时的冲动。有冲动，表示你对生活有激情，但总是冲动，表示你还不懂什么是生活。大道理人人都听过，冲动且不通透的你，或许只是还欠一些经历罢了。

知道很多大道理，为什么依然过不好这一生

◈

"我听过很多大道理，却依然过不好这一生。"第一次看见这句话，是在小M的个性签名上。

小M是我高中时就认识的哥们，人聪明又帅气，看上去总有一股从骨子里透出的骄傲。大二那年，他在学校交了个女朋友——婉莹，暑假聚会时说起女朋友，小M声音里都带着笑意。

"她生气时噘嘴的样子，我都觉得好可爱，我想毕业了就和她结婚。"

"因为天太冷我懒得去打饭，她愣是踩着一尺厚的雪来给我送吃的，回去时冻得感冒了，整整流了一个星期的鼻涕。"

……

那时，小M的每一句"她怎么怎么……""我们今后要怎样怎

样……”满满都是幸福。

　　再一次见到小 M，已经是几年之后。此时的小 M 骨瘦如柴，满脸胡子拉碴，邋遢的头发像是不需要营养似的疯长。我惊讶地问小 M 怎么了，他告诉我，两年前他因为一时冲动与女朋友赌气分手了，从此感觉了无生趣，好像做的每一个决定都是错误的，便再也没振作起来。

　　“分手后，我觉得做什么都没意思，满脑子都是她。毕业时，要离开那座城市的时候，心里最不舍的还是她。”

　　“那你为什么不去找她？”

　　“唉，她已经不愿再接受我了。”

　　“你做了什么，让她宁愿舍弃这几年的感情？”

　　“我……”小 M 几番欲言又止，最终向我讲述了他和婉莹之间的故事。

　　那时正值毕业季，婉莹因为学业优秀，已经被提前保送读研。小 M 就像其他许多毕业生一样，每天都忙着投简历。看着忙而无果的小 M，一天，婉莹心疼地问他，要不要和她一起读研，她可以帮他。小M的大男子主义让他觉得婉莹的话极大地伤害了他的自尊，他勃然大怒，一气之下提出了分手。

在吵架的时候，婉莹帮他洗衣服、给他送饭的好，都成了她要管他穿什么、吃什么的罪状，建议他读研更被小M上升到婉莹要插手他人生的高度。

小M被愤怒冲昏了头脑，完全不顾婉莹的感受。看着不可理喻的小M，婉莹满眼含泪、一言不发地转身离开。那一刹，小M没有挽留。就像许多打不破"毕业季分手"魔咒的校园爱情一样，他们的爱情也在毕业那年的夏天破碎了。

爱情成为青春的牺牲品，是因为我们不理智。失去爱情的我们，会讨厌自己，却想不起讨厌不理智的自己。

毕业后，小M回到了家乡。在东游西荡了一年之后，小M终于找到了一份工作。但没过多久，就因为经理说了一句不太中听的话，小M一气之下就辞了职，刚一就业就又失了业。看着别人陆续找到了自己的人生轨道，当年的大学同学升职的升职，准备自主创业的已经开始创业，小M还在家里当着"啃老族"。

白驹过隙，转眼间五六年过去了，小Ｍ依然一事无成。失落的小Ｍ看着自己QQ的个性签名，终于领悟到了自己受挫的原因——冲动。

俗话说，冲动是魔鬼。冲动的人遇事时往往图一时痛快，根本不去想后果，事情就这样走到了不可收拾的地步。因此，容易冲动的人自然就容易被动，一个处处被动的人，成功能离他很近吗？

后来，一个陌生的女孩加了我的微信，是婉莹。

婉莹告诉我她与小Ｍ分手的真正原因："小Ｍ总为自己的暴脾气找理由，从来不认为自己有错，他总觉得所有的矛盾都是因为别人嫉妒他，所以故意事事针对他。对别人的事，小Ｍ能滔滔不绝地讲出很多道理。而他自己置身事中时，却把所有的道理抛之脑后。有时候我不免心生疑惑，他真的在意自己的人生吗？"

我们每个人都是自己人生这台大戏的导演，主导着自己人生的走向。我们在感慨小Ｍ人生境遇的同时，是否有一瞬间闪过这样的疑问："我是不是小Ｍ这样的人？"

大道理人人都懂，更多人只是欠缺一些经历，或许当我们真正遇到了，做错了，失去了，才能明白把错误改正的意义——千万别让将来的我们，讨厌现在不理智的自己。

那些改变你人生的"道理"，许多看似是从别处看到或听到的，其实只不过是那些"金句"正好帮我们完成了内心的表达。我们之所以对某一句话或某个故事印象深刻，是因为我们自己的人生感悟跟它们产生了共振。

道理源于你生命历程中的起起落落，它们是你对自己无数次成功的喜悦、失败的沮丧的反思与总结，它们是你对阅历和经验的重新认知。

听来的道理永远是别人的，悟到的道理才是自己的。如果你不能用这些道理去指导自己的生活，相信你依然过不好这一生。

坐而论道，不如起而行之。

成功的人，往往拥有卓越的思考能力

◈

朋友美琳向我抱怨，从小到大她都很努力，可为什么依旧没有一个满意的人生？

她说，看着曾经的大学同学们，有的人找到了如意郎君，做起了全职太太，有的人顺风顺水地升职加薪，已是事业有成。而她明明和大家一样在奋斗，可为什么无论是生活还是职场都过得如此不如意？

看着美琳烦闷的样子，我问她："你对自己的未来有规划吗？有没有想过你满意的人生具体是什么样子？想过该怎么去实现它吗？你真的为你的理想全力以赴了吗？"

"啊？"美琳一脸诧异又迷茫的表情。

我说："这就对了啊，成功都是有迹可循的，没有人能随随便便成功。成功的人，无一例外都有着清晰而坚定的目标，他们总是在行动之前，已经做了充分的思考。"

成功的人，他们并不一定是中学时代的"学霸"，也不一定是大学时期天天泡自习室的书呆子，但他们一定都是懂得思考的人。他们总是比别人更快一步，对未来也总有着准确的判断，善于筹谋的人，思考能力往往比寻常人更卓越。

美琳有一个大学同学叫张冲。张冲在上高中时，就对各类小软件的应用有着强烈的兴趣，他梦想有朝一日能加入知名软件公司，亲手设计出更多、更好的软件。上大二时，课业还没那么繁忙，班里的女生们都在研究什么韩剧好看、怎样化妆才漂亮，而男生更多是在玩网络游戏，可张冲却将自己的大学生活安排得丰富多彩。他加入了学校学生会，在学习之余取得了软件工程师证书，做起了软件公司的兼职。就在大家临时抱佛脚以求不挂科的时候，张冲已经能够熟练地进行电脑编程，甚至在还没毕业的时候，张冲就已开发了一款应用软件。

最后的结果显而易见。当身处毕业季的同学们都在为找工作发愁时，张冲已经顺利地成为一家世界五百强之一的软件公司中的一员。

成功，需要你在别人前面先迈出一步。你在迈这一步的时候，不盲目，不是为了显摆自己的与众不同，而是用理智告诉自己，你就是要捷足先登。

雷军曾经说过：永远不要试图用战术上的勤奋，掩盖战略上的懒惰。

如果我们把大学时代天天泡自习室视作战术上的勤奋，那么在职场上，类似这样的战术上的勤奋更是比比皆是。

有的人因为工作忙，很少参加朋友聚会，结果渐渐淡出了朋友圈子；有的人因为工作忙，从不考虑在业余时间充电，结果公司业务新领域的探索从来没机会参与；还有的人，长期困于工作中的琐碎事务里，从不考虑如何规避问题及怎么去优化改善。

这些忙，形式远大于实质，是瞎忙，是懒得思考的典型表现。没有方向的努力与忙碌，与梦想无关，最多算是自我心理安慰。这种状态持续得越久，越容易陷入"我这么努力、这么辛苦有什么用"的困惑中。

小宁和小琼是公司同一批招聘入职行政部的新员工，两个人都是刚毕业不久的名牌大学生。转眼三个月的试用期即将结束，行政总监在转正考核环节，向每位新员工提出了两个同样的问题：你在试用期间为部门和公司创造了什么价值？你对目前所从事的工作有什么合理化建议？"

面对提问，小琼侃侃而谈："本人在试用期期间，优化办公用品申购及发放流程，此工作流程由原有的五个工作日缩短至两个工作日；经与相关部门多方探讨后，提出了关于筹建公司读书会的建议；根据日常工作实践，建议将接待及用餐管理职能合并，以减少工作交叉……"

听着小琼的回答，小宁瞬间愣住了，她脑海中浮现出自己每日焦头烂额、疲惫不堪的窘境：在这三个月里，她几乎从未按时下班过，工作中总是有复印不完的资料，有那么多的电话要接听，还有永远也发不完的邮件……每天都任劳任怨，那么努力，那么充实。可如今回想起来，自己的试用期好像都是停留在体力透支上，从未停下来认真想过自己手头的工作到底对公司有什么价值。

几天后，公司内网公布了转正员工的人事变动信息：小琼调入集团总经办任总经理秘书一职，小宁调配至基层业务部门负责前台接待。

　　成功其实并没有那么多玄机：思考，行动，坚持。在成年人的世界里，比不努力更可怕的往往是缺乏思考、没有目标的努力。请在努力之前先问问自己：我的目标是什么？我的努力和目标有没有关系？有多大关系？

冲动只会痛快一阵子，后悔一辈子

◈

网络上曾流传过这样一个段子：有一个人去吃烧烤，对桌的男女一边吃一边朝他这边多瞟了两眼，这人当下就把烧烤棍儿往桌上一摞，大声朝对桌的男女喊道："你们有毛病吧，瞅什么瞅！"

恰好对桌的男女也是暴性子，莫名其妙地被陌生人吼了，女人觉得自己受到了侮辱，顿时拍案而起："你才有毛病呢，我就看了，你能咋样？"

一场大战就这么打起来了。

两个男人扭打成一团，场面一片混乱。对桌的女人继续用语言暴力加入这场混战："哎，你这人怎么这样，竟敢打人？你是什么稀罕玩意儿，看你两眼都不行？欠抽吧？"

这暴躁的男人先起的事儿，此时听对桌的女人这么说，气得一边打架一边不忘回嘴："就不让你看了，我就打你俩了，你能怎的？"

不过片刻，整个烧烤摊已被砸得七零八落。警察来后将双方"各打五十大板"，除按价赔偿损坏物品外，三个人全因扰乱公共秩序而被拘留十五天。

当人们遇到一些无理取闹的人的时候，很多人往往按捺不住自己的冲动，原本可以好好沟通解决的事情，最后却要闹到不可收拾的地步，这是最典型的不理智。

在看守所里，最先挑事的男人开始后悔：为什么自己吃个烧烤都能吃进看守所？如果不是因为自己冲动闹事，事情也不会发展到现在这个地步。自己一个大男人，就算是被看了两眼又能怎样？更何况，或许对方当时根本就没在看自己，而这一切只是他多心罢了。

另一方的女人也禁不住想：对方是有些蛮横，可为什么自己也"一点就着"？不就是被问了一句"瞅什么瞅"吗，怎么就会如此冲动地打起来了呢？

几乎所有的激情犯罪，都是在某种外界因素刺激下因心理失衡、情绪失控而产生的后果；几乎所有进了监狱的人都表示过悔意："如果当时不……就好了。"

冒昧犀利地说一句，这是"病"，得治！

冲动行为，英文是compulsion，也译为强制、强迫，是一种发生较突然、时间较短暂的神经兴奋。这种神经运动性兴奋又同时伴有情绪激动，自控力降低及口头、身体攻击行为，严重者甚至还会出现暴怒、激烈的暴力行为，最终导致伤人伤己。

研究表明，脾气暴躁的人更容易产生挫败感，更容易遇到心理危机。他们与能够自控的人相比，生活往往更不如意，人际关系也更差。

每当我们冲动的时候，不妨问问自己：我们去争这一场对错，就算争赢了又能得到什么？相信对于很多人来说，深思熟虑之后，必定会有更为正确的选择。

我们还冲动，说明我们对生活有激情，总是冲动，则说明我们还不懂什么是生活。

某次世界杯的比赛，意大利对决澳大利亚，双方球队势均力敌，踢得热火朝天，胜负难分。整场比赛整整维持了九十五分钟，令所有电视机前的观众提心吊胆，大气都不敢出。电视中，解说员黄健翔激情四射地解说着。最终，意大利队以一粒点球战胜了澳大利亚队，结束了这场比赛。

深爱意大利队的黄健翔顿时失声哽咽，以一种近乎疯狂的语气盛赞意大利队的胜利，而完全不顾电视机前澳大利亚队球迷的感受。黄健翔的激情解说整整持续了三分多钟，这场缺乏专业精神的足球赛事解说立刻在国内掀起了轩然大波。

事后，黄健翔通过《豪门盛宴》节目向全国观众道歉："在昨晚世界杯足球赛解说中，我的现场解说评论夹带了过多的个人情绪，解说中确有失当和偏颇之处，给大家造成了不适和伤害，在此我向观众郑重道歉！我在最后几分钟内的解说不是一个体育评论员应该有的立场。今后，在工作中我将总结经验，时刻提醒自己把握好自己的岗位角色，处理好情感和理智之间的平衡，做好CCTV体育评论员工作。"

因为这场失态的解说，黄健翔被央视取消了下一场比赛的解说资格，舆论压力接踵而至。

黄健翔在直播解说中忘记了自己的身份，恣意地宣泄了个人情绪，冲动之下获得了三分钟的痛快，但紧接而来的便是愧疚与自悔。

佛曰：一念愚即般若绝，一念智即般若生。

人是感性的动物，但一旦冲动使理智决堤，很可能会让生活从此偏离正常的轨道，从而影响自己的一生。因此，请一定要时刻提醒自己：千万不要放任心底冲动的魔鬼。少做做那些令自己后悔冲动的事，才不会让自己陷入困境之中。

人的一生不可能万无一失，犯错是每个人成长过程中不可避免的痛。假如我们曾经因为不理智而犯下错，请在宽恕自己的同时，告诫自己一定不要再犯。我们与其在不断的冲动中做一些让自己后悔莫及的事，不如努力管好心中的魔鬼，善待这个世界，做一个成熟、稳重、理智的人。

还等什么呢？与其让"感性"影响我们的行动，不如让"理性"决定我们的人生。

你为什么没有自己想象中那么清醒

◈

我们每个人都容易活在自己的假想之中。

有些人身居高位，就觉得自己高人一等，肆意地乱发脾气，对他人不尊重，错把这种无礼的、毫无素质的性格，当成"直率"；还有些人刚愎自用，总认为别人都不如自己，而自己做的每一件事情都是对的；更有甚者，有些人处处要身边的人包容他、迁就他，把身边的人忍让他当成大家对他的喜爱，甚至以为自己魅力无边。

我们常常自我感觉良好而飘飘然，以及被周遭众人的善良麻痹。我们为什么远没有自己想象中那么清醒？你了解自身的缺点吗？

有这样一个故事。法国的一位教授在课堂上做了一个测试，测试之前，他对班里三十二个孩子说："亲爱的，这只是个游戏，我们把自己的优点写出来，然后再写上别人的缺点，每写自己的一条优点，就要写别人的一条缺点。相同，若是写出自己的一个缺点，也要相应写出对方的一个优点。"

游戏开始了，大家都玩得津津有味。然而，游戏的结果却出乎在场所有人意料。

班内三十二个孩子有二十八个的自我认知与他人的认知是完全不同的。汤姆给自己的评语是"善良，正直，从不隐瞒"，在别人眼里，这三个优点却变成了"有点傻，不懂变通，固执又不会说话"。

从前者三组词语看，汤姆真是个令人喜爱的孩子，可从别人的评价上看，却又变成了一个性格有缺陷、难以被他人所接纳的孩子。

这个测验在带给人们欢乐的同时，也不禁让人唏嘘，究竟是什么原因，让我们大多数人都无法清晰地认知自己？

我们中有许多人得过且过，知道自己的缺点也不愿承认，有些人则是不以为意，认为只要是人都会有缺点，正视这些缺点再特意改掉它们是小题大做。有些人会说，这些毛病我从小就有，如今不也生活美满、事业顺遂？这就证明了这些缺点的存在无伤大雅，为何还要如此费力地改掉？有些人则是压根儿就不关心自己有什么缺点，不关心别人怎样看待他，结果自然就是永远对自己没有一个清晰的认知。

说实话，我们又从何得知，别人眼中的自己到底是什么样子呢？说不定如今平和的表象下并不一定是同事们、朋友们的不介意，他们或许只是不愿撕破脸皮当面讲而已，也或许是不想在你面前表露出来，想让你自己发现而已。

罗肃所在的单位有一位领导脾气十分暴躁，每一次给下属安排工作都尖酸刻薄，从来不会好好说。下属如有什么疑问，或者向他请示时，每每都是被他吼到心惊："你的脑子是用什么做的，这点事情都办不好？你能干得了什么？自己去想！"

这位领导因为身处要职，无人胆敢对他表示不喜欢，但私底下同事们怨声载道，关于他的议论早已传遍单位每个角落。

"唉，他这人就是有病，天天跟吃了枪药似的。"

"更年期提前了吧，下次年会大家都送他静心口服液好了。"

"我觉得再在他手底下这么干下去，总有一天要得病。他若是什么时候被总部辞退，我们应该敲锣打鼓，放鞭炮庆祝。"

……

后来，同事们都私下叫这位领导"变态张"。下属员工为了避开他，找各种理由减少向他的工作汇报。还有的员工特意避开他，尽量减少与他接触。以至于后来凡是有"变态张"参加的聚会，同事们都是能不参加的尽量不参加。

一个人为人如此失败，若有一天他知道了，不知会做何感想。

跑上供桌的老鼠虽然沾了佛像的光，受到众人的跪拜，但它始终只是一只老鼠，人们跪拜它只是因为它所处的位置，而不是敬仰它本身，若有一天厄运降临，老鼠仍无法逃掉被捕捉的命运。

一个人若不能以德服人，对自己没有一个清醒的认识，不去改变自身的缺点，那他迟早会站得越高，跌得越重，伤得越深。

我们所处的社会是人情的社会，中国的传统文化是儒家文化，这就意味着因为我国自古以来"与人和善"的传统美德，不会有人冒昧地去对指出别人的缺点，这就导致了很多人活在不自知中。

这令我不禁想起了一句希腊古话："人啊，认识你自己。"这句被刻在特尔斐的阿波罗神殿上的话在现代流传甚广，它向人们道出了一个真理——自我认知是多么重要。

我们只有对自己有清醒的认知，才能更好地走出属于自己的路，才不至于错把别人的善意视作理所当然。更不会因为自己拥有良好的生活环境便好高骛远，以至于愚昧地认为他人的包容完全是因为自己足够优秀。

我们还要再清醒一点，看事看人通透一点，也只有这样，给别人留有余地，才不会把自己逼到绝境。

人贵有自知之明。一个人只有对自己有了清晰的认知，才会有更好的工作和生活，才不至于因为自身的缺点而阻碍了自己未来的发展。

再理智的人，也有情绪化的时候
◇

人非草木，孰能无情。即便是智者，也并不是完美的。

从前，在尼泊尔有位佛陀很受人敬仰。这位佛陀一生学习经书，精研佛法，年轻时已经颇具才气，中年时已有大成。当地的人敬仰他、供奉他，尊称他为"最理智的智者"。他身边的小沙弥从未见过他对谁表达过恶意，世间一花一草、一树一菩提，全是他心中最圣洁的莲花。就是这样一个人，某一天小沙弥见他站在一条湍急的河流中，任流水洗刷着他的身与心。

原来，佛陀对自己的人生产生了怀疑，他不知道自己为何而活。为佛法？为生命？众生平等，人人有父母，而他却舍弃了自己的血缘父母，将佛祖当作他的父母。多年踏足尘世，他也遇到过令他心动的姑娘，却逼着自己不近尘缘。

这些苦恼压着他，他开始思考自己异于常人的生活，他不能再心如止水。他冲动之下跑进了河流中，想用用流水斩断自己的执念，让自己继续安心修行。

再理智的人，也会有情绪化的时候。就像这位佛陀，他虽然德高望重，但也有常人的想法与情感，也会有心烦之时，心境修炼得再好的人，偶尔也会产生负面情绪。

当人们有足够的能力去调节自身的情绪时，就可以控制自己身上的这种消极情绪，那便是做到了去情绪化。我们每一个人，都要努力学习如何去情绪化。

M是一家出版社的编辑。他常说，他觉得自己不是一个容易被坏情绪左右的人。

但就在出版社最近的一次选题会上，M申报了一个他自己很喜欢，也很擅长的选题，此前，他为此投入了大量的精力和时间，单为琢磨那个选题的名字，就熬了好几次夜。他信心满满地把选题提交了上去。让他没想到的是，选题会的时候，几乎没有一个人支持，从选题的内容质量、市场前景到文字水平都提出了不少的问题。开始的时候M还对大家提出的问题进行认真的解答，但随着反对的声音越来越多，有着多年编辑经验的他，感觉这好像变成了一场批判大会，觉得大家是对他专业判断能力的侮辱。

在一面倒的质疑声中，M感觉血在往上涌，他开始坐立不安。突然，他的声音提高了八度，高声说道："我为这个选题，做了大量的市场调查，跟作者磨合了很长的时间，我相信它的社会效益和市场价值。也许这个选题还不够完美，仍有改善的空间，选题会上大家完全可以提合理化的建议，而不是这样否定这个选题，来打击我。"

本来热烈的讨论顿时变得鸦雀无声。

在选题会后的接下来的几天里，M都不开心。正好那个周末，他约我一起吃饭，他告诉我说，那些同事也太过分了，一味地否定他，都不知道他为此做了多少准备，付出了多少心血。他们只要态度好那么一点儿，说话不要那么尖刻，他就不会对大伙儿发火。其实，他一点也不喜欢争端，每次发完火之后既难过又后悔。

M这就是典型的情绪化。记得一个心理网站上说过："情绪化是指一个人过于敏感，容易因为一些微不足道的事发生较大较明显的情绪波动。"

大家都有情绪，情绪无所谓好坏，它只是我们内在各种感受的外在表现。情绪与我们本就是一体。

我们无须害怕自己的情绪化，但我们也不能放任自己的情绪，我们只需要客观清醒地认识、冷静地面对，用恰当的方法宣泄和处理它。当我们愿意理性地去面对自己的情绪，就会拥有更强的自信。在面对不同意见，甚至是人身攻击进，便不会感到被伤害、被侮辱；在面对困难、挫折甚至是磨难时，也会无所畏惧。

佛陀控制不住自己的情绪时，选择了跳进河里；M不理智时，在选题会上大发雷霆。二者一个是伤害了自己，一个是伤害了别人，都是不可取的行为。

既然再理智的人，都会有情绪化的时候，那就更不用说我们了。相信我们每个人也会有情绪失控的时候，现在我们应当做的是，察觉自己的情绪异样，严格把控我们的情绪，切勿让情绪化的失控状态，蔓延在我们的生活里。

当不理智的事情已然发生，担心与焦虑都于事无补。不要惧怕不理智，也不要对失误耿耿于怀。倘若真的做错了，你需要做的是，发现自己的失误，并努力改正，让这样的失误越来越远离你的生活。

未来的你，一定比今天的你更强大。

如果不喜欢，那就去改变

❖

很多人常常抱怨，为什么世界是这样的？看似只会侃侃而谈的人，却比低头努力工作的人升得更快；走在街上，满眼都是穿名牌、开豪车的人，而自己却碌碌无为；我们还在待业、择业、被催婚的阶段，身边的人却已经事业有成、婚姻美满了。

我们很想将生活过好，却仿佛不知从哪儿下手。我们时常抱怨社会的不公，却没有想过自己到底想要什么，又都能做些什么。

为什么成功的人一直成功，而我们却一直失败？我们似乎掌控不了自己的生活，控制不了自己的脾气，不知道该怎么面对生活中的不如意，甚至连未来的路该往哪儿走都不知道。

其实每个能把自己生活过好的人，他们无不是经历过很多的挫折，最后才涅槃重生的。很多人的不如意，最大的原因往往都出在自己身上。他们或是因为冲动、迷茫、自卑，或是因为不肯努力，不把生活当一回事儿，总是得过且过，甚至想着天上掉馅饼，梦想着不劳而获，白白辜负了大好时光。

　　我的闺密Z，大学毕业后她没有找到满意的工作，为了混口饭吃便考了一个幼师证，进了一所私立的幼儿园当老师。在这所私立幼儿园里，工作强度大，职工饭菜不卫生，作为老师的她甚至还要时常遭受孩子家长无端的指责，Z向我诉苦："感觉自己不像个员工，更像个家奴。"

　　相信很多曾在不规范的私企工作过的人都有这种感受：拿着微薄的工资，却要做许多辛苦的活儿，付出与回报常常严重不对等。

　　刚开始Z找不到解决方法，忍不下，而生气与抱怨又只能令自己的生活状态更加糟糕。

　　后来Z终于下定决心辞职。辞职后的Z抓住了某事业单位的招考机会，一心备考。没过多久，Z便进了如今的单位。因为她做事踏实，人缘又好，没多久便进入了单位的骨干层。

　　如果我们也认为自己不应当耗费太多的时间在某种无意义的生活上，想要改变自己的人生，那么只能先从改变自身做起。因为当你改变了自己以后，才能更好地改变世界。

很多人说，自己曾经做了很多冲动的事，吃了许多苦果。

很多人说，自己曾经做了很多错误的选择，导致自己还在困境中无法解脱。

还有人说，实在不喜欢如今的生活，却没有勇气去改变这一切，备受煎熬……

如果明明知道自己不愿意过这样的生活，却仍旧不去改变，对此，我只想说，除了你自己，没有人能拯救你。

每个人的生命只有一次，我们也只能活出一个样子，是成功还是失败，是如意还是不顺遂，全是自己的选择。

有些人趁年轻输得起的时候，勇敢去尝试，而很多人却只能被生活打磨成他们原本不想要的样子。

皮尔·卡丹是穷苦人家的孩子，小时候，他有一个梦想，想当舞蹈家。为了这个梦想他很早便辍学了，只身一人到巴黎去追求自己的梦想。在巴黎，皮尔·卡丹才真正体会到了梦想与现实的差距，他不仅支付不起高昂的舞蹈学费，甚至还差点饿死在街头。

　　为了活下去，皮尔·卡丹凭着之前学会的裁缝技术，在一家裁缝店找了一份工作。可惜做裁缝与他想做舞蹈家的梦想之间存在着太大的落差，为此，他甚至想到了自杀。后来他给当时很著名的一位舞蹈家布德里写了一封信，大意是，如果你不收我为徒，我便去跳河。后来舞蹈家给他回了一封信，信里对收他为徒的事只字不提，只说人活在世上，梦想与现实肯定会有距离的，一个不热爱自己生命的人，也不配谈艺术。

　　这一封回信让皮尔·卡丹恍然大悟，他干脆不再执着于当舞蹈家，而是脚踏实地地从自己所能做的事情做起。他努力学习缝纫技术，后来进了当时很大的一家服装公司——"夏帕瑞丽"。在这里他学到了很多东西，并极大地开阔了眼界。后来他创立了自己的服装品牌，并开办了自己的公司——就是后来被称为法兰西四大文明之一的Pierre Cardin（皮尔·卡丹）服装品牌。

　　皮尔·卡丹后来成了亿万富翁，而他的服装品牌及他个人的创业历程也成了全世界服装行业的传奇。

　　得到的前提是改变，是努力，是行动。如果我们不喜欢当下的生活，那么便去改变它。如果不去尝试改变，那么我们永远都不会有一个新的开始。

很多时候，我们与其陷入无止境的苦恼，不如鼓起勇气去改变，就像一句谚语说的：改变，为什么要去改变？因为对当前的现状不满意，因为有一颗想要发展的雄心，以及一个与现实环境无法吻合的梦想！

不要让梦想只是梦想，不要想了很多很多条未来要走的路，可到头来依旧只是在走那条因循守旧的老路，不要总告诉自己要改变、要奋斗、要努力、要成功，而不去行动。

通过理智的审时度势，我们会发现盲目的坚持远比不上及时适度的改变，因为一个人只有学会了变通，我们的未来才会有更多的可能。

假使你也不喜欢自己现在的生活状态，那就改变吧，还在等什么？

学着和这个世界和解
◇

斐斐是在别人羡慕的目光中长大的。大她七岁的哥哥毕业于厂校，是这个厂矿乃至整个小县城唯一考上北京大学的孩子。为此，斐斐一家在整个厂区变得家喻户晓。厂区的每一个学龄孩子都被教育要向斐斐哥哥学习，而所有的家长都对斐斐的父母投以羡慕的目光。在这个几千人的厂校里，从小学到中学，凡是教过斐斐哥哥的老师无不以带出了这样一位优等生为荣。很长一段时间里，斐斐的哥哥只要回到这个小县城，都会被请到厂校做专场报告，而她的父母也无数次被邀请在全校大会上分享教育经验。

起初，斐斐很以有这么个状元哥哥为荣，小朋友们都很羡慕她。可是很快，她感觉因为有这么一个状元哥哥，她快被压得喘不过气了。

从上中学起，斐斐的每一位老师无一例外地都对她寄予了厚望：

"斐斐，你的哥哥多优秀啊，你可得好好学，以后也要考清华北大呀。""斐斐，你哥哥的数学一直是全年级第一，你现在只是全年级第十，加油啊！""斐斐，你哥哥当年代表学校参加全国英语竞赛都是获了奖的，明年的英语竞赛你也得参加。"

刚听到这些话时，斐斐很受鼓励，也很自觉地给自己加压。慢慢地，当所有的激励都变成了无形的压力，斐斐就很烦再听到"你哥哥怎么样，你要怎么怎么样"之类的话。斐斐无法再感受到学习的乐趣，对她来讲，好像所有的努力都是为了向哥哥看齐。她开始害怕每次的考试，厌恶所有的比赛，憎恨各类成绩排名，而这一切都被斐斐平和的外表所掩藏。

这种状态持续到高二的夏天，斐斐的小宇宙不可遏制地爆发了。

那是在一堂物理课上。斐斐上课一时走神，被老师看了出来。如果是别的同学，老师点名提醒一下也就罢了，可因为是状元的妹妹，斐斐被老师严厉地批评了，所有的批评即将结束时，老师仍不忘说："哥哥那么优秀，怎么会有你这么一个妹妹？你们到底是不是一个妈生的？"

一向温顺的斐斐冷冷地回答："我是不行，你行，你还不就是一个厂矿学校的老师，你倒是考个北大给我们看看呗。"

斐斐任性的回答使得物理老师先是一愣，然后开始了歇斯底里的持续了半堂课的咆哮。后来无论是爸爸妈妈苦口婆心地劝说，还是班主任、教学科老师的谈话，甚至是全年级的通报批评，倔强的斐斐就是不向物理老师道歉。一个多月后，这件事总算是平息了下来，但此后，不但物理老师，所有给斐斐上课的老师待斐斐都像空气一般，不闻不问了。

面对老师们态度的转变，斐斐不但没有醒悟，反倒变本加厉。最为关键的高三阶段，斐斐用冲动、任性、赌气的方式对待自己一生中最重要的挑战。她没有认真听过一节课，也没有认真对待过一次考试。

高考时，斐斐名落孙山。看着同学们都踏入自己心仪已久的高校，她终于明白，偏执的她，用任性与冲动，亲手毁掉了自己原本灿烂的未来。

从坚信"我命由我不由天"，到学着和这个世界和解，慢慢承认这个世界没我们想得那么单纯美好，生命与成长也没那么简单，我们都或多或少在长大的路上孤独地走过。

我们有多少人曾经犯过傻，做过错事？为了一个心爱的男人从 A 城奔赴遥远的 B 城，或是为了一个女孩大喊"再也不相信爱情了"。我们还有人因为工作上一丁点事儿就撂话不干了，结果公司好像并不买我们的账，我们只好失落地打包自己的行囊。

在别人的目光中，我们肆意、洒脱，是性情中人，可除去表面上的光鲜亮丽之后，我们剩下的还有点什么？

我们觉得自己这是棱角分明，活得极有骨气，可真相却是自己做的傻事被当作"故事"传颂，更重要的是，这些傻事往往把我们推向无底深渊。

我们活在这个世界上，纵然再不能接受生命里的一些不如意，也要努力学会与这个世界握手言和，因为这是一种对自己的宽容。

我们在这个社会中生活，每个人都渺小如尘埃，这个世界的规则不会因某一个人而改变。一个公司不会因一个员工的离职而马上倒闭；一个科研项目也不会因为某位技术人员的离开而停止研发；我们的岗位若是少了我们，请相信我，立即就有新的员工顶替上来。因为在我们看不见的地方，总有人在默默努力着。

我们不要再自以为是了，或许我们并没有自己想象中那么优秀，那么理智。感性有的时候能为我们的内心带来许多的愉悦，我们会感知这个世界的美好，感受自己的如意与不如意，并放大这种感受。但是你要知道，这种被放大了的感受有的时候并不是事实，我们有的时候并没有那么成功，没有那么优秀，没有那么能洞悉全局。

学着和这个世界和解吧，妥协，往往是最稳妥的前进。

你不是脾气太坏，而是格局太小

◇

　　都说心智决定视野，视野决定格局，而格局决定命运。现实生活中，因为格局小引发纷争而令自己举步维艰的例子不在少数。

　　琳达是一家跨国公司的总监，她在公司里的风评向来不太好，一切起于三年前。

　　三年前，在一次决定年终分红的会议上，琳达因为老总给公司老骨干们的分红不均，突然当众与老总吵起来了。

　　琳达认为她在销售总监这个位置上任劳任怨，在她带领的团队的努力下，整个公司的营业额才会这么高，年终分红理应给她和她的团队多分一些。而其他老骨干们都在一些无关紧要的部门，虽然也是一同维持整个公司的运转，但按理来说绝不可能与她分得同等金额的奖金。

琳达不分场合地给老总难堪，老总有苦难言，但碍于她为公司做出的贡献，最后只能打哈哈，顾左右而言他。但是，这次冲突在老总心里留下了疙瘩。不仅如此，公司里也有了琳达仗着自己对公司有功就目中无人的传言。

除此之外，那些被琳达间接针对的老骨干们也纷纷记恨起了琳达，明里虽然不说什么，暗地里却想着法子为难琳达，琳达在公司的处境越来越艰难。

多年后，琳达与老总推杯换盏地畅谈，老总终于告诉琳达当年的真相。当年他那般分红，其实意在提拔琳达，分红会上其他老骨干都拿了琳达的好处，自然就对他提拔琳达越级当华南地区的总裁没有异议了。

可他怎么也没想到，琳达会这么没有大局观念，只把目光停留在眼前利益上。后来，琳达因为其他人根本不愿意配合她的工作，业绩一降再降。他也因为那件事，再也没有提拔琳达的念头。

在我们的生活里，我们是否也曾因目光太短浅，而做出一些悔不该当初的事情？

西方一位哲人说过，一个人的器官中最难管的就是自己那张不停说话的嘴。有的人凡事都要争个高下。有理时得理不饶人，无理时也要强词夺理，争它三分。为图一时口舌之快，口不择言，恶语伤人。是的，他们是获得了瞬间的快感，但很多时候往往让小事闹大，甚至这一时之快，要用一生去悔恨。喜欢在言语上胜过别人，不过是不自信、不成熟，想贬低别人抬高自己获得满足罢了。

有的人为了一点蝇头小利，整天算计，明争暗斗。俞敏洪曾说过，斤斤计较的家庭，走不出胸怀博大的孩子。决定孩子成功的最重要的因素是什么？不在于我们给孩子灌输了多少知识，而在于帮助孩子培养一系列的重要性格特质。

许多人也正是因为内心格局太小，才会目光短浅，只在意眼前的事情，永远也看不到未来。他们无法估算事件远期的好处与回报，只瞧见了当前的吃亏。

或许是在街上被人骂了一句，他只意识到了对方这一瞬让自己不痛快了，于是便想着一定要骂回去，结果便引发了一场斗殴。

其实若是各让一步，最多也就是一笑泯恩仇，说不定还能结个善缘，万事好来往，日后还能互相帮助。

当我们身边的人做了一些令我们不太高兴的事情时，其实无须厉声地批评，我们只需要委婉地指出。对方若是有心便改了，改掉这些毛病迟早会令他受益，我们今日给他的这个恩情，他日后也必会记得。

工作中就更不用说了，在一些无关紧要的小事上，不必斤斤计较，笑对同事工作上的失误，少些指责，多些帮助。面对领导的批评与暴脾气，多想想自己哪些地方做得不好，有则改之，无则加勉。

现实生活中，因为脾气不好而令自己事事举步维艰的例子，不在少数。

某位演员 W 在骂记者事件发生之前，媒体界已屡屡传出他脾气大的消息。据说记者们采访他时，多数都曾遭遇过他的黑脸，与他合作的媒体记者无不怨声载道。

后来，演员 W 被曝出动手打 Y 女星，他的经纪公司曾想尽办法替他摆平，最终都以失败告终。新闻媒体客观报道，有的合作对象甚至等着看他摔跟头。

W在这件事上确实是摔得头破血流，事业再也没有当初的红火。无奈之下，演员W只能转战幕后，再也没出来拍过戏。

倘若当初演员W目光放长远一些，把自己的暴脾气收敛一点，对人对事温和一点、诚恳一点，想必他也不会结仇如此之多，他的事业也不至于遭遇滑铁卢。

一个人心里的格局小了，便容易把自己放大，做事情无所忌惮了，自然也就容易摔跟头。脾气好的人很容易结交到挚友，而脾气坏的人则容易与他人结仇。倘若我们希望自己今后的路走得顺一些，切记要收敛起自己的坏脾气。

只有将心中的格局撑得大一点，我们今后的路才能走得更宽广一些。

只有客客气气地对待他人，我们才会被这个世界温柔以待。

什么力量将你拖进不理智的泥沼
◆

佛曰，人生有八苦：生，老，病，死，爱别离，怨长久，求不得，放不下。

人生在世，总是难逃其苦，如身处荆棘林中，处处都暗藏危险或者诱惑。有时，一个丧失理智的判断或选择，足以毁掉我们的整个人生。

在某知名网站上，有个网友提了一个问题：大家来说说看，是什么让我们不理智？

跟帖的网友成千上万，大家纷纷说出自己的看法。有人说是因为智商低、情商低；有人说是因为脾气急、情绪控制能力差；有人说是因为穷，人穷了就容易做出一些不理智的事情……

不理智的原因千千万万，而不理智的表现也是千姿百态，我们是哪一种？

　　有的人在人际交往中容易表现出不理智，在重要场合不知道怎么做自己，想学着别人长袖善舞，却又不知道怎么做，结果功利心太重，领导皱了眉头，同事间也添了嫌隙。

　　有的人则在日常生活中容易表现出不理智，与最亲近的家人都能翻脸，亲子关系紧张，还永远觉得自己最委屈。

　　还有的人是在消费方面容易出现不理智，是"月光族"，东西只挑贵的买，完全不顾自己的经济能力，等等。

　　其实，只要能正视自身不理智的行为，便很容易分析出我们到底是因为什么不理智。知道了为何不理智，也就能够有的放矢、对症下药了。

　　针对第一个例子，其实遇到这种情况，我们只要做自己就好了。倘若遇到该我们说话的时候，我们便接话，不该我们说话之时，我们便把主场交给他人，如此一来，万事张弛有度，还得了个落落大方的名声。

　　若是针对生活上的不理智，主动地检讨自己总没错。都说家不是讲理，而是讲爱的地方。面对我们的至亲挚爱，又有什么不可以包容或原谅？更何况，日常生活的争执多数都因为芝麻小事，我们何至于要大动干戈？

在消费上很多人也有不理智的行为，例如有些人不断地购买一些不需要的东西，有些是冲动之下购买，有些则是为了炫耀而去购买一些与自己经济能力不匹配的奢侈品。针对这种情况，我们不妨问问自己：物质愉悦是转瞬即逝的，我们真的要付出如此代价去换取那片刻的愉悦吗？

出现不理智的行为时，我们也可以采取转移注意力的方法，告诉自己保持正念：我这会不好，要好起来！另外，培养广泛的兴趣爱好，或是阅读，或是郊游，总之做一些更有意义的事情，都会有利于我们培养情操、开阔心胸，减少不理智的行为。

其实，当我们察觉到自己出现了问题，并且有改变它的想法时，我们已经成功了一小半了。

好友宋明曾跟我说过一件他做过的不理智的事情。他说，买现在这套房子的时候，正值房价上涨得最厉害的时候。那时正准备购买一套房子，谈好的价格是七十八万，因为房子均价太高，所以他与妻子还在犹豫。可就在犹豫之时，房子的主人传来消息，说房子已经卖给了别人。自这套房子以后，他与妻子看中的两套房子都接连被别人买走了。

看上的房子屡屡被别人买走，这可让宋明夫妇着急了，于是在接下来的日子里，他们看房时都有些心浮气躁。已经没有办法好好地去判断这套房子怎么样，到底好不好。他们生怕再慢一些，房子就被别人抢走了。

最后宋明与妻子仓促地买了一套并不怎么满意的房子，价格高，地理位置也不好，性价比极低。宋明后来总结说，当时就是被冲昏头脑了，才做出这么不理智的行为。其实后来回头看，如果当时不着急买这套房子，日后肯定还会遇到更好的。

宋明的不理智消费是因为市场的稀缺性在作怪，当喜欢的东西接二连三的被人买走后，我们便容易在消费上不理智。

有些古董爱好者在拍卖会上抢夺一件喜欢的商品，明知是三万元的藏品却拍出了三十万的价格；有些人在爱情上明知道对方与自己不合适，但因为对方条件十分好，还是逼着自己将就下去；还有一些人经常在旅游购物景点被人下套，明明心里想的是 A 价格，却因为别人三言两语的忽悠，最后以天价成交。

冲动之下，我们常常做出一些错误的决定。这些决定或是因为急迫、思虑不成熟，或是因为从众心理、感性作祟、利益影响。不管是什么原因，我们一定要尽量控制自己，少做些不理智的事情。

人生中让我们不理智的原因实在很多。或许是因为见识不够，所以我们无法做出正确的决定；也或许是因为被周遭的环境所影响，所以我们做出了一些不理智的行为；还有些人是被利益所驱使，所以哪怕明知道这件事情是错误的，仍坚持去做。面对这种情形，倘若我们无法清醒地自控，哪怕小小的失误都有可能让我们铸下大错。

我们只能清醒一点，再清醒一点，不动妄心，不存妄想，抵制诱惑，使自己的行动少偏颇，我们才能远离不理智的泥沼。

没有后悔药，就不要做让自己后悔的事
❖

现实生活中，有很多人对自己所犯的错不以为意，总觉得说错话、做错事，不过是生活中小小的插曲，人非圣贤，孰能无过。

我们外出旅行，购买了上午九点的票，可是因为拖沓的性子，掐着点出门，结果交通状况不好，急得不行，紧赶慢赶，九点十分终于到达了车站，可火车不会等人，最终错过了这一趟火车。

有人明明有事，结束的时间自己无法掌控，却心怀侥幸，安排了下一场活动：倘若能够早点结束上一场活动，那么他们便可以享受下一场放松。可惜，生活是导演，他只是演员：眼见上一场活动不能结束，下一场活动约的人已经在催促，心里忐忑不安，结果是既无心当下的活动，而下一场也无法参加。

这些人或许最后都会说：没关系，不过是错过了一班车，我们

还有下一班车；没关系，不过是一次失约，只要向朋友诚恳道歉，还是会被原谅的。

错过一班车不是大事，失约于人也不是什么大事，只要能好好补救，还是可以挽回的。然而，这世上并不是每一次失误都可以如此轻描淡写地解决，有些错误犯了之后，往往追悔莫及，带给自己和别人的是永远也补救不了的伤痛。

2013年4月1日，在复旦大学攻读医学硕士研究生的黄洋身体突然出现不适，当晚在医院就诊，病因不明。随后几天里，黄洋病情加重。半个月后，黄洋因为急性肝衰竭，不治身亡。

此后不久，上海警方就以故意杀人罪逮捕了黄洋的舍友林森浩。原来，林森浩因为生活中的小矛盾记恨上了黄洋，于是在冲动之下，他在黄洋的饮水机里投了毒。

黄洋在医院救治的半个月里，林森浩明明知情，却不提供黄洋身体不适是因中毒的真相，导致黄洋在救治过程中被耽误了，最后造成了无法挽回的后果。

林森浩因小事冲动投毒在先，事后知情不报，不知悔改，见死不救……最终导致了舍友黄洋的死亡。鉴于犯罪情节恶劣，2015年12月11日下午，林森浩被依法执行了死刑，结束了年轻的生命。

　　林森浩原本有个光明美好的未来：就读于国内知名院校，攻读医学专业，年轻有为，前途似锦。他本应该在今后的日子里治病救人，造福他人，可他偏偏选择了用自身的学识去伤害他人。林森浩犯下如此罪行，与他不理智的性格不无关系，最终他也为自己冲动的行为付出了惨痛的代价。

　　林森浩在死刑复核前接受了一家媒体的采访，在采访中他说道，他从进看守所就开始后悔了，可是事情已经无法挽回。

　　这世上从来就没有后悔药。所有的过错倘若已发生，便再也无法回到从前。

　　破镜虽能重圆，纵然和好，但就如俗话说的那样，补好了都有一个疤。彼此在心理上留下的伤害，让感情再也无法回到从前。

　　我们的不理智行为，就像一颗钉子扎进一块木板里，纵然事后拔除，也会在木板上留下一个穿心的钉孔，所以，倘若我们不想日后后悔，最好的方法便是凡事三思而行，少些冲动，多些理智，不去碰触那些会令我们后悔的事。

我们都听说过拿破仑的名字，以及他人生中最著名的一场战役——滑铁卢战役。在这场战役中，拿破仑输掉了他的帝国以及他的政治生涯。我们殊不知，拿破仑输掉这场关键战役的原因不仅仅是他分散了兵力，以及错误地估算了战争形势，导致失败的还有一个关键性人物——拿破仑的大将格鲁希。

当拿破仑在战场上奋战之时，由于对反法联军的作战能力估计不足，多次正面突击无果，法军的处境变得十分艰难，拿破仑期盼着援兵快快到来。而此时，带领着援兵的格鲁希却还盲目地在别处追击敌军。

格鲁希的副司令向格鲁希请求前去增援，格鲁希却错误地决定坚持继续追击敌军。

后来格鲁希终于悔悟，他想带着军队回去寻找拿破仑，可惜到达滑铁卢的时候，拿破仑已经战败了。格鲁希发了疯般想扳回一局，可惜已经无力回天。

反法联军取得了决定性胜利，从此拿破仑帝国结束。此战役成为威武不可一世的拿破仑一世的最后一战。战败后，拿破仑被放逐至圣赫勒拿岛，自此退出历史舞台。

　　我们所生活的这个世界就是这么无情，倘若我们对自己的人生不在意，生活也会毫不留情地还我们以颜色。就像周国平所说的那样：

　　每个人在世上都只有活一次的机会，没有任何人能够代替他重新活一次。如果这唯一的人生虚度了，也没有任何人能够真正安慰他。认识到这一点，对自己的人生怎么能不产生强烈的责任心呢？在某种意义上，人世间各种其他的责任都是可以分担或转让的，唯有对自己的人生的责任，每个人都只能完全由自己来承担，一丝一毫依靠不了别人。

　　人生中若是遇到暂时无法过去的坎，请不要急着做决定，也不要因一时的不顺心就做出不理智的行为。人生之长，所有苦难都会慢慢被时间带走，多少我们觉得过不去的事都会成为过去；人生之短，短到我们的一生有时就毁在我们的一念之间。所以理智一点，清醒一点，不要冲动，不要让自己总生活在后悔之中。这世界上最宝贵的就是时光，最稀罕的便是后悔药，所以请仔细地走好人生每一步吧。

PART 2

情商课:
不要在该动脑子的时候动感情

我们不能控制生活的风向，但可以调整情绪的帆。只有做自己情绪的主人，才能扬帆远航。

不要为打翻的牛奶而哭泣

在国外，有一句非常著名的话：Don't cry over spilt milk。这句话的意思是不要为打翻的牛奶哭泣，也可以译为"不做无益的后悔"。

人生中有许多不如意的事情，很多人因此一蹶不振。他们对过去的失误耿耿于怀，结果再也没有办法敞开心扉来面对今后的生活。

很多时候，我们心里也在期待拥有一份新的感情，我们也在期待再次崛起的那一天，可很多人却因为过去的失误而失去了重新开始的勇气。

不要为打翻的牛奶哭泣，不要在该动脑子的时候动了感情，失败之时正是最需要我们理智的时刻。

美国作家罗伯特讲过这样一个故事，故事的主人公是一位叫保罗的教授。保罗教授是一位博士，他在自己任教的学校带了一批研究生，由于他们从事的科研工作较难，常常会遇到挫折，失败更是家常便饭。起初这批学生失败的时候，还尚有学习的激情，可是久而久之，有人开始泄气了，甚至无法继续自己的学业。

陷入在失败情绪中的学生们开始动了退学的念头，保罗教授为了鼓励他们，在某一天的课上做了一个实验。保罗教授拿了一杯牛奶，他走进教室，许多学生好奇地看着他，有人甚至问他："牛奶与我们的研究有什么关系？"

保罗教授说："没有关系。"

随即，他手一松，杯中的牛奶全洒在了实验用的水池里，杯子也摔成了碎片。学生们都惊呆了，保罗教授紧接着说了一句话："失败就像这杯打翻的牛奶，一切已经是既定的事实，就算我们再如何懊悔，也无法让它重新回到杯子里来。"

学生们终于恍然大悟，之前的失败就像是这杯打翻了的牛奶，我们无法改变已经发生了的事，唯一能做的就是忘掉失败，积极地脱离窘境，让未来朝着更好的方向发展。

　　我们可以在事情发生之前尽可能想办法阻止，却没必要在事情发生后耿耿于怀。始终沉溺在懊悔的情绪中，只能令我们无法摆脱失败的阴影，只能不断增加我们的"沉没成本"，这对过去于事无补，对未来也毫无益处。

　　我们在生活中有多少人常常因"打翻的牛奶"而失去了动力？他们因为错了一次，便没办法好好做自己，事事都是缩手缩脚，甚至无法客观地看待事情，无法理智做事。

　　太看重打翻的牛奶，只会令我们身心疲惫、寸步难行，从而阻碍了我们的发展。

　　美国著名人际关系学大师卡耐基事业刚起步的时候，在密苏里州开办了一个专收成年人的教育班。因为办得不错，所以在很短的时间内，这个教育班就遍布了美国各大城市。

　　卡耐基的事业看起来十分红火，他花了很多资金在对教育班的宣传上，同时办公场地的租金、日常办公的支出也很大。虽然收入不少，但除去这些成本，卡耐基基本没挣什么钱。

　　察觉到了这个事实的卡耐基有点气馁，他的辛勤工作竟然没什么回报！他不断地质疑自己现在所做的事业，因为没什么心情再继续做下去，他的业务量也不断下降。这样一来，卡耐基就更心烦了。

最后，卡耐基去找他的老师乔治·约翰逊。乔治·约翰逊听了他的诉说，只对他说了一句话："不要做无益的后悔。"

既然过去的已经过去，那些不挣钱的日子既成事实，没有必要再为它沮丧。如果能在今后的日子里好好努力，还是有可能改变局面的。老师奉劝卡耐基，假如自己无法舍弃之前的金钱，那么后面就无法赚到更多的金钱。

恍然大悟的卡耐基决定不再纠结于此，他决心振作起来。卡耐基又把全部的精力投入到了自己的事业中，并且不再为过去的事烦心。后来，卡耐基总爱把一句话挂在嘴边："牛奶打翻了怎么办，是望着牛奶哭泣还是去做点别的？记住，打翻的牛奶不可能被重新装回瓶中，我们唯一能做的只有吸取教训，然后头也不回地往前走。"

这句话不仅是卡耐基说给学生听的，也是他说给自己听的。

每个人都会犯错，而我们对待错误的态度，往往决定着我们的未来。面对不顺心的事，我们如何理智地看待它，这才应该是我们思考的重点。不要为已经付出的代价懊恼，不要纠缠在毫无意义的事情上面。

给烦恼投资，只会让我们更加烦恼。打翻牛奶的时候，再苦恼也只是在浪费时间，我们能做的唯有思虑、改正、向前看。

就像莎士比亚说的那样：智慧的人永远不会坐在那里为他们的损失而哀叹。假如我们能够做到在该理智的时候聪明一点，那么我相信，我们永远也不会浪费时间在无谓的事情上。

工作上、生活中我们做过不少冲动的事，我们伤害别人的同时也伤害了自己。有些人对自己的过错揪着不放，总想着自己为什么这样做，一直纠结，无法释怀。其实，与其想着自己做错了什么，倒不如想想如何去改变当前的一切，有错则改，改完则告诫自己不要再犯，才是最好的做法。

面对生活中自己犯的过错或生活中的不幸，你可以选择悲伤，但是不能选择永远悲伤。有的人喜欢沉浸在悲痛中，可这样有什么用呢？一切还将继续。我们无法改写历史，只能把握当下。"山重水复疑无路，柳暗花明又一村。"如果我们学会了"放下"，积极地去面对生活中不好的事，那么很快我们就会发现，世界对我们是那么温柔。

爱笑的人，运气都不会太差

　　生活中我们应当都听过这样一句话："爱笑的人，运气都不会太差。"对这句话，有些人常常不以为然，觉得不过是听上去有点道理，却不能解决任何实际问题的心灵鸡汤。其实不然，一句话能够广泛流传，就证明它有存在的价值。

　　曾经有一个研究社会关系学的教授在一千个大学生里做了一次问卷调查，问卷的题目很简单：你喜欢与爱笑的人交朋友，还是喜欢与愁眉苦脸的人交朋友？

　　问卷收集的过程很顺利，人们回答起这个问题来，仿佛都不经思索。最后问卷调查的结果出来了，几乎是颠覆性的比例，大家一致选择了喜欢和爱笑的、和善的人交朋友。

我们不禁会思考，为什么大家都喜欢与爱笑的人交朋友？为什么爱笑的人好像更幸运一些？爱笑的人总能得到很多人的喜爱，也能得到更多人的帮助，这是为什么？

中国有句古话叫作"上善若水"，大意指的是最高境界，就像水的品性一样，泽被万物而不争名利。这也是对一个人的优秀品格的最佳褒奖。水能遇强则柔，亦能载舟，它能包容万物，看似没有棱角，却又能承载很多东西。

并不是只有板着脸才能解决一切事情，一个爱笑的人看起来没心没肺，但其实他可能才是最有智慧的人。爱笑的人一般情商都比较高，他们知道有些事情就算发脾气也无法解决，那么还不如用一些比较缓和的方式，用迂回战术去解决。

我的同事小张在办公室里人缘不错，她见人便打招呼，跟谁都笑嘻嘻的，哪怕是对曾跟她有过过节的同事也不例外。有人说小张："你傻不傻呀？你笑着对人家，可人家都不一定搭理你。"小张回答："那又有什么关系？过去的事都过去了，只要他知道我不是在针对他就好了呀。"

后来，曾经针对过小张的大老爷们儿李凯变成了最维护小张的人。在一次年终聚餐上，李凯举杯向小张敬酒，他说道："我当初觉得你这小丫头片子太没经验，领导把你放进我们部门，会拖我们后腿，所以起初常常针对你。没想到你不仅没和我计较，还笑容满面地对我。后来大家相处时间长了，也看见你在工作上的努力和能力，来，谢谢你不和大哥计较，大哥敬你。"

这次聚餐以后，小张所在部门的凝聚力变得更强了，工作上也无往不利，整个部门和乐融融。大家都说是得益于小张的性格，这才化解了一次内部危机。小张在部门内的发展也有如神助，第二年就升职为经理助理。

有人说爱笑的人运气好，他们仿佛遇到麻烦时都会有好运化解。其实并不是微笑能带来好运，只是微笑能够代表着我们的某种处世态度，而这种态度恰好就是被人所推崇的，是一种智慧的生活方式。

太有棱角的人，生活其实并不一定比喜欢微笑的人好。试问我们若是整天都板着脸，过于暴躁、喜怒无常，整天一副苦大仇深的样子，有谁愿意搭理我们？

如此一来，我们人际关系差了，很多事情便也开展不了，从此在团队中寸步难行，时间长了，自然事事不顺心，也就只能把这些不如意归于运气不好了。

其实我们若认真总结，会发现智者一般都是些脾气好、待人和气的人。人们常说某人会做人，其实是指他们善于为自己营造一个好的交际圈，这些人向来一呼百应，一人有忙百人帮。

爱笑的人都是懂得生活的人，有些人越是位高权重，为人就越是客气、和善。有些领导人更是时时刻刻脸上挂着微笑。

这些人能身居高位，都是因为他们的运气好吗？微笑有种作用，化万物为不争，一个受人喜爱的人，一定也是人生的优胜者，因为微笑能最大限度地化解我们身边的敌意，让自己人生中多些朋友，多些成功路径而少些阻碍。

微笑能带来好运，也是一种经过验证的智慧的生活方式。

美国前总统威尔逊·里根是一位颇具传奇色彩的总统，他也是美国唯一被刺客以子弹击中胸口后还存活的总统。据说在上任初期，有一次里根外出参加活动，结果被刺客击中，身负重伤。若这消息传出，恐怕会导致民众骚动。

在这关键时刻，他的太太来医院看望他，威尔逊·里根说的第一句话是："亲爱的，我忘记躲开它了。"

本来凝重紧张的气氛突然因里根这句话变得轻松起来。

总统受了枪击还能淡定自若地开玩笑，甚至还能笑得出来，看来是没什么大碍了。在场的人都松了一口气，记者看到这种情况也如实地进行了报道。

美国民众知道情况后，原本不安的心也放松了许多。里根用一个微笑避免了一次政治生涯的危机，躲过了一劫，也让美国动荡的社会秩序安然稳定下来。

所以从今天起，做一个爱笑的、理智的、成熟的人。

与其冲动，不如静默。与其怒发冲冠，不如用微笑对待这个世界，相信世界也会善待我们。

喜怒不形于色就好吗

❖

看待万事万物的观念，居中便好，不可矫枉过正。

李舒是个大学刚毕业初入职场的年轻人。可能是尚未从学生的身份转换过来，李舒说话做事都带着点学生气，口无遮拦、任性妄为、意气用事。初期李舒遇到什么事情都觉得没什么大不了的，就算是明摆着的工作失误，他也根本不当回事。仗着自己初生牛犊不怕虎，好像全世界都得让着他似的。

没多久，李舒便尝到了苦果。因为他做事毛糙，同事们又不愿意耐心教他，领导只好把部门的重点工作都交给其他同事做。很快，同事们说什么李舒都很难插上话，即便是偶尔搭上一两句，气氛一下子就会变得紧张起来。李舒这才警觉，开始检讨自己，学着收敛自己的脾气。

后来李舒脚踏实地了许多，上面交代的工作他认真地做好，与每位同事都保持着不远不近的距离，仿佛与其他人之间都隔着什么东西似的。公司里开始有人用"喜怒不形于色"来形容他，更多的人说他"城府太深"、"阴险"和"摸不着底"。

刚开始李舒任性、做不好事情的时候，同事们不愿与他配合，而他性情大变以后，更是没有人愿意和他说话了，大家都默契地离他三米远。

李舒觉得自己快要崩溃了，感觉他的生活越来越糟糕，越来越力不从心，他甚至不知道为什么……大家厌恶他脾气大，那么他改，现在他完全不表现出来了，反而更不受人待见，这个矛盾的世界是怎么了？

我们许多人都遇到过这样的难题。初出社会的时候棱角太多，难免会因此遇到许多挫折与教训，我们察觉到了，想要改正，可是有的时候太心急，常常走到了事情的另一端，反而变得更偏激，最后干脆就连情绪也不愿意表达出来了。

其实想改掉我们身上一些不招人喜欢的毛病，并不需要我们完全根除它、摒弃它。这世界并不拒绝棱角，每个人都可以有他的"个性"，但是表达情绪要有度，控制好分寸，我们可以理智地说出自己的不喜欢。我们需要改正的是我们身上过度的脾气，而不是当一个完全没有脾气的人。

生活中有些人根本就不是心胸开阔的人，他们明明想发脾气却控制着自己，然后把这些愤怒记在心中，秋后算账，找合适的时机报复回去。这样一来，他们表面上倒是成了不发脾气的人，却也在无形中变成了自己最讨厌的小人。

成熟做人不是让我们一味隐忍，理智做事不是让我们毫无脾气。冲动的人与世界握手言和，是要控制自己身上的"热血"因子，把心胸放宽一点，计较的事情少一点，而不是一言不发，变成一个众人眼中的怪人。

张晓晓在朋友圈中素来有"情商高"的美名，倒不是说她人有多聪明，而因为她说话做事总是能很好地把握尺度。张晓晓平常不怎么发脾气，但也绝不是那种万年的老好人，遇到了她认为不对的事情，她也会表达出自己的看法，会高声论"道"，但却极少惹人反感。

张晓晓说："遇到令我不能接受的事情，我也会说，但我不会那么语气尖锐地质问。每个人看事情的角度都不同，大家坐下来当作聊天一样讨论，心平气和地沟通，只要大家把自己的想法说清楚了，基本上是吵不起来的，也不会引起对方太多反感。"

凭着良好的沟通技巧，张晓晓每次表达自己与他人不同的看法时，都能得到较好的结果。面对矛盾，她说"做人做事留三分，日后好相见"是她的原则。遇到不顺心的事，她就告诉自己，谁也没有欠我什么，我也无须摆脸色给别人看，遇事说事，不要针对个人。

没有人逼着我们与世界握手言和，我们也无须去强迫自己磨光棱角。毫无棱角的人无法保护自己，棱角太多的人则会刺伤别人，我们需要做的是要把握好其中的度。

这世界不爱脾气大与不理智的人，也同样不喜欢毫无个性与毫无原则的人。活在这个世界，理智的人从来都是以理服人，而不是以脾气服人。了解社会的生存法则，把握好分寸，我们才能更好地与人交往。

脾气可以发，但要理智地发；喜怒可以形于色，但不是毫无原则地对谁都开炮。自己有错自己要认，他人有错我们也可以去善意地指出，改变是为了让我们变得更好。

假如我们事事都放在心底，把暴脾气变成内心的积郁，一旦爆发，一定会造成更严重的后果。第一是伤害身体；第二是可能会让我们在不知不觉中变成一个连自己都讨厌的人；第三则是会影响我们的交际圈，从而对我们的工作和生活都产生不良影响。

拒绝绝对化，我们虽不愿当不理智的人，但也不以"喜怒不形于色"的状态为荣，做个适度的人。100分的隐忍不恰当，80分的处世智慧刚刚好。

没有人能承诺我们一生晴天

有没有人能够一生一帆风顺？

有人说有的，你看刘亦菲，十五岁出演《金粉世家》，此后又出演了《仙剑奇侠传》，从此在娱乐圈大红特红。多少年过去了，她依然在众多女明星里独树一帜，虽不与桃李争艳，却也从不逊色于任何人。最令人羡慕的是，她还有一张无可挑剔的脸。

我们常常只看到一个人表面的顺遂，而从不知他人背后的付出与艰辛。在我们羡慕刘亦菲完美人生的同时，网上也有一个视频：一个十七八岁的小姑娘大冬天拿着一把剑在练武术动作，并不时咬唇点头，紧接着继续埋头苦练，这个小姑娘就是刘亦菲。

演活一个角色不难吗？拍出一部好戏不苦吗？正因为所有的难、

所有的苦她都坚持下来了，所以她才有了今天旁人眼里的如意风光。

我们总觉得别人的人生很美满，但作为局外人的我们，又怎知他们经历了怎样的磨难？

生活常常会给予我们考验，有些人看起来事事顺心，有可能只是他们从来不在人前抱怨而已。

再成功的人都会有失败的时候，看起来再风光的人，也有着不想为人所知的过去。内心再强大的人，心里也会有过不去的坎，这世上从来没有人能够一帆风顺。

李宁是我国著名的男子体操运动员，他曾经创造了世界体操史上的神话，一个人拿了十四项世界冠军，以及大大小小各项比赛的共计一百多枚金牌。在1982年的时候，李宁的职业生涯达到了巅峰，大家都觉得李宁是祖国的骄傲，是亚洲的骄傲。全国上下甚至蔓延着一种浓浓的民族情绪，叫作"李宁情怀"。人们认为他是最好的、最棒的，甚至连李宁自己都这样认为。

可是1988年，对于李宁来说，突如其来的挫败来得那样猛烈。

在这一年的奥运会上，脚踝上的伤导致他在赛场上频频失误，吊环比赛时他的脚钩在了环上，跳马比赛时，他又失误坐到了地上。当时全国上下对他寄予厚望，期待他夺冠的人们觉得受到了极大的伤害，种种偏激的言论和行为潮水般地涌向了李宁。

一时间风光无限的李宁顿时陷入了低谷中，他把自己关起来，任何人都不见，一直到很久后，他才慢慢敞开心扉，退役后转行做了商人。

刘翔是中国体育田径史上，也是亚洲田径史上第一个集奥运会冠军、室内室外世锦赛冠军、国际田联大奖赛总决赛冠军、世界纪录保持者多项荣誉于一身的运动员。即便有如此辉煌的成就，刘翔也曾遭遇过生命中的难以承受之重。

2008年奥运会前，刘翔被称为"亚洲飞人"，他是所有中国人的骄傲。就在那场奥运会刘翔宣布退赛后，失去理智的人们忽略了他受伤的事实，完全不考虑当时的刘翔有多么痛苦与无奈，所有人都指责他的退赛决定，许多诋毁和谩骂无情地包围了他。

像李宁和刘翔这样的天才运动员尚且难逃人生风雨，谁又能承诺我们的人生就能一帆风顺？我们活在这个纷杂的世界里，就必定会遇见各种不如意的事。

　　人生道路上并非花香常伴、一路坦途，我们总会经历些电闪雷鸣、坎坷崎岖。我们活在这个世界上，不如意的事情那么多，不要再奢望有个毫无挫折的明天。当遇到挫折、陷入困境时，唯有心中坚定的信念能给予我们走出泥潭的勇气和不断前行的力量。

在一切变好之前，总要经历一些不开心的日子

◇

　　J.K.罗琳是一位我们耳熟能详的小说家，她的作品《哈利·波特》是世界上最畅销的作品之一。据统计，J.K.罗琳的《哈利·波特》系列小说面世以来，已经销售了超过四亿册，这是极少数作家才能达到的成就。

　　今天的J.K.罗琳非常成功，但她在成名之前，也曾经历过一些不为人知的艰苦岁月，那段黑暗的日子，她整整过了七年。

　　在2008年哈佛的毕业典礼上，她说出了她的故事："我可以向大家说，我的前半生一直是失败的。那时，父母希望我能够读一个今后令我不那么贫穷的专业，而我却偷偷选择了古典文学。我甚至勉强才能从大学毕业，在毕业后的日子里，我简直达到了史诗般空前的失败。在那七年里，我失去了我短暂的婚姻，同时也失去了工作，成了一个一无所有的单身母亲。在那时，我是英国除了流浪汉

以外的最贫穷的人，我父母对于我的那些担忧全都变成了现实。按当时的标准来看，我真的是一个很失败的人。不过我要说的是，如今我反而最感谢那些失败的日子，如果不是经历了那段最为黑暗的岁月，我甚至不知期待光明的滋味，那时我的生活里除了希望，什么都没有。"

J.K.罗琳说，也正是因为有那段失败的经历，她才会更迫切地希望改变当时的状况，失败带给她的感悟不是自暴自弃，而是鼓起勇气重新开始。

现在J.K.罗琳已经是世界上最著名的作家之一，《哈利·波特》系列电影也取得了不俗的票房成绩。她在哈佛的演讲也将许多仍在迷茫挣扎的人带出了困境。

每个人在过上自己想要的生活之前，都要经历许多考验，我们在一切变好之前，总是要经历一些不开心的日子。

没有人能一帆风顺，再成功的人也会有灰色时期。

比尔·盖茨最初甚至连大学都没有考上，爱因斯坦在小时候甚至被老师称为"笨蛋"。可最终岁月从不辜负默默努力的人，我们终究会得到应得的一切，只要我们愿意去努力、去坚持。

后来，J.K.罗琳向记者解释她为何要在哈佛毕业典礼上述说那段令她不开心的经历，她说："之所以愿意告诉大家我的失败，是因为在我看来那不是伤痛。所有困境的谷底，反而是令我们努力重新开始的坚实基础。失败让我看清自己，这也是我通过其他方式无法获得的。正因为如此，我不再欺骗自己、伪装自己，我重新开始把所有精力放在我认为最重要的事情上。在我最失落的时候，我告诉自己，没关系，目前看来我最大的成功就是我还年轻，年轻就拥有无限可能。"

因为经历了那些不开心的日子，J.K.罗琳才会更加认真地审视自己，发现自己的失败与不足。她说，那段潦倒岁月中的J.K.罗琳，凭借着旧的打字机以及无止境的想象力，终于创造出了一个魔法王国。

很多时候，我们只有经历过的一些事情，才会珍惜眼前的生活。我们从以往的挫败中获得智慧、变得坚强。只有在逆境之中，我们才能更好地发现自己、挖掘自己。

隋然是一家公司的小职员，从来都是"两点一线"地生活着：

家、公司、家。除必要的工作接触外，她极少与同事们有私下的来往。

有一日深夜，隋然躺在床上，忽然觉得右下腹疼痛难忍。从未经历过如此剧痛的她，甚至不知道自己这是怎么了。她想要喝水，却无法起身；想要打电话叫救护车，却发现手机放得很远，她根本拿不到。那一瞬间，习惯了独来独往的隋然忽然觉得自己好孤单。

隋然疼得难以忍受，她想到自己的好友只有两三个，还都不在同一座城市。她甚至悲伤地觉得，假如一直叫不到救护车，她可能就要这么死在这里了。她这才惊觉：为什么自己在这座城市工作五年了，却没有一个知心好友？为什么自己与同事的关系这么淡漠？在这座城市，她没有一个朋友，她却一直没意识到。

直到第二天临近中午的时候，隋然还没有去上班，公司的人这才发现了异样。上司让一位同事找到家里，将阑尾穿孔的隋然送至医院，经过救治她不但恢复了健康，整个人也像重生了一样。

重新回到公司上班的隋然开始主动与人打招呼，下班后也乐于与同事们一起唱歌、吃饭，谁家有什么事她也特别热心地帮忙。她好像发现了一个全新的世界。

隋然后来说："幸好有那一次的病痛，要不然可能至今我都没机会发现自己的问题。我喜欢如今的生活，阳光、灿烂、热闹非凡。"

每个人在过上更好的生活之前，都要经历一次或好几次让自己疼得死去活来的磨难。这些磨难可能是身体上的，也有可能是心灵上的。不要惧怕挫折与失败，就像有句话说的："有时候命运向我们投来一个曲线球，到我们手里的过程中可能有不少的曲折与反复，但是，假如我们明白失败是迈向成功的第一步，那么坚持下去，相信我们一定能够到达胜利的终点。"

我们总要吃过很多亏，走过很多路，才会迎来一个更好的自己。

我们要做的就是不要倒在生活给我们的磨难上，要经得起生活给我们的考验。只有经过了考验，我们才可能迎来一个更为美好的明天。

情商，是一种善良和生活能力
◈

有一次，我与一位年长我二十岁的长辈聊天，长辈跟我说道："现在的人，脾气一个赛一个，好像受了天大的委屈，所有人都欠了他们似的。牛气冲天的人越来越多，想做什么就做什么，为所欲为，完全不考虑现实情况和别人的感受。"

确实，如今越来越多的人放任自我。有人标榜自己潇洒随意，不被人际关系束缚；有人标榜自己坦荡诚实，实话实说；有人则标榜自己无所畏惧，不屈从于权贵。好像说话尖锐刺耳，对他人毫不留情面，说话做事常常令人反感就是他们的优点。

长辈谈起他的成长经历时说，他虽然生在一个衣食无忧的家庭，但也早早地出去工作了。他曾经到一个金矿打工，他跪在地上拿筛子淘金，跪了一个星期才淘出一点黄金，而收入微乎其微。他说，那时经历了太多苦，他才会格外珍惜现在的生活，努力地尊重自己，善待他人。

因为自己苦过，所以才愿意待人宽容、仁厚做人。

现在有许多不理智的人，他们常常做出一些出格的事，对此这位长辈只说了一句颇有哲理的话："情商其实是一种最重要的生活能力。"

台湾名模林志玲在娱乐圈内是出了名的情商高与智商高。犹记得在前两年的春节联欢晚会上，主持人董卿穿着高跟鞋主持晚会，其间突然想要与穿着平底鞋的林志玲比身高。林志玲心中不愿意，她并未当面拒绝这场不公平的比拼，只是笑着连连退了两步，怎么都不肯站到台前来，由此化解了一场巨大尴尬。

林志玲的情商高的例子很多。在一次媒体见面会上，林志玲就自己的新戏进行访谈问答，席间有位记者尖锐地问她："孙红雷曾经表示过不愿意和您这样毫无演技的女明星合作，可这次竟然与您合作，对此您有何感想？"

席下众人尴尬之时，没想到林志玲却出人意料地回答："我没有听红雷大哥说过这样的话哦，没有亲耳听到我是不会信的。再说了，假如红雷大哥真的有说过，那我应该感到高兴才对，因为红雷大哥现在愿意与我合作了，那不就证明我的努力有回报了吗？"

原本一场令人下不来台的访谈会就这么愉快地结束了，林志玲也用自己的高智商、高情商证明了自己，她并不仅仅是个花瓶。

一直到现在，林志玲的高情商都为人所称赞。她用自己的行动化解了所面临的危机，如今她在圈内"花瓶"的外号已渐渐被人所忘记，人们更多记住的是她的圆融与善良，还有一份不与人争的智慧。

情商高的人懂得做人，遇事更容易扭转局面，他们有着与人为善的胸怀，说话做事让人舒服的同时，又反应极快，极少让自己陷入尴尬的困境之中。这样的人不管是在生活上、工作上还是感情上，都比情商低的人顺遂得多。

有些人性格偏激，常常会做出一些不理智的事情，或者做出一些令人不太愉快的事情，而犹不自知，这样会令自己四面树敌。对此，我们要告诉自己：即使我们做人不够圆融，但如果我们有一颗低调、与人为善的心，那么，从内心透出来的谦逊、真诚和友好也能在一定程度上弥补我们性格中的不足。

人，是社会性动物，我们都因各种社会关系生活在不同的群体中。文学上所说的那种"每个人都是一座孤岛"只是一种内心的状态，而在生活中我们不可能离开群体独自生存。在这些群体中，人们的生活状态各不相同，那些过得比别人好的人，情商一定不会低。在很多时候，人与人之间相差的不是智商，而是情商。

我的朋友小魏向我诉说：一天她穿了一件自己非常喜欢的大牌新衣服去上班，同事们也得觉得面料、款式都非常不错，衬得她的肤色很好，还显瘦。她心里美滋滋的，觉得真是一分钱一分货啊。就在这时，一直没出声的小杨开口说："这件衣服是不错，就是你没穿出那种范儿。"瞬间，热闹的气氛不见了，大家都觉得尴尬，仿佛办公室除了小杨其他人的品位都有问题。她的心情更是降到了冰点。

小杨聪明、能干，对工作认真负责，也不计较。可是她的千般好，都没能抵过她"实话实说"带来的破坏力，她在办公室基本就是孤家寡人。

想想，在我们的周围还真有不少这种"聪明人"。

但所谓情商高并不是"虚伪"、"圆滑"、"世故"的代名词。情商高的人，不是不说实话，而是会照顾别人的情绪，委婉地提建议，而不是一味地我想怎么说就怎么说。因此，与情商高的人相处，不仅能得到他们有价值的建议，还能舒服、愉快地接受。正因为他们所具备的这种能力，他们的生活往往是顺遂的。

那些假借着"心直口快"而尖酸刻薄的人，不是情商低，就是智商低，或者根本就是自私自利。自己一吐为快，而别人却因此不快。别人不快，能给你好脸色吗？你的态度最终伤害的还是你自己。

口无遮拦的人说话往往不经过大脑思考，这也是一种感性的表现。而感性总是跟冲动和情绪化相伴。说话时不设身处地想想别人的感受，以自己为中心，就少了对别人的尊重。而且消极情绪会体现在语言中，令别人难受。

心直口快就是吃亏少。据说让人成功的，80% 是情商，20% 是智商，情商往往是决定命运的。当我们的经历足够多，吃的亏足够多，或许才不会再犯错。

人生的意义就是不断地学习、成长。情商既然是一种能力，也就可以通过后天习得和提高。只要我们多点理性，恰当感性，用理智去驾驭情感，用善良和包容去对待他人，我们就会成为一个高情商的人，为自己营造一个有利的"生态环境"，建立起属于自己的人际圈，过上自己想要的生活。

只有走过弯路，才更确信最想要的是什么。

我们只有走过许多弯路，才有机会在大大小小的岔道口一次次确认，我们到底要走向何方，也才会在屡屡走过的弯路中，更明白哪里才是正确的方向。正因为有了岔道口的抉择，有了弯路上反反复复的修正，我们才更确信自己想要到达的终点，不断提醒自己不忘初心，直到看见最美的风景。

有人说，没有经受过诱惑的人生是不完整的，没经历过错误抉择的人生是不完美的。

丁肇中是一名华裔美籍科学家，曾在1976年荣获了诺贝尔物理学奖，现在八十多岁高龄的他仍担任美国麻省理工学院的教授。

丁肇中在物理学界成绩斐然，但极少有人知道，最初的他并未完全投身于物理实验科学。丁肇中十二岁之前，从未上过学。一直到1949年后，他才开始接受严格的教育。在中学期间，丁肇中的历史、数学、物理成绩十分优秀。他在二十岁那年，进入美国密歇根大学学习，那时他选择的学科是数学和物理，并未完全独选物理。在密歇根大学学习的过程中，同时学习两门学科的他感觉特别吃力。在学习的过程中他发现自己好像更喜欢物理一些，而且他的动手能力也非常强。经过一番思考，丁肇中决定把学习重心偏向物理。

丁肇中正是通过同时进行数学和物理两门学科的学习比较，才发现自己在物理领域更有优势，专注地主攻物理。因为他的正确选择，八年后丁肇中如愿以偿地拿到了物理学博士学位，这为他未来的成就打下了坚实的基础。

我们一生中总会不可避免地走些弯路。对此，我们不能简单地视弯路为没有价值的付出。

若从未经历过弯路，我们的许多决定都可能是片面的，只有真正尝试过了，我们才不会让自己后悔，才能更笃定自己想要什么、想做什么。

假如丁肇中没有同时学习两门学科，也就不会发现自己更爱的是物理，也不会这样毅然决然地选择了物理。丁肇中在晚年接受采访时说："当年学习数学和物理虽然苦累了些，但也不算是完全在浪费时间。现在回头看，很庆幸正因为有当时这份经历，才让我日后从事物理研究能如此顺利，也正因为有这段经历，才让我比同样研究物理的同行们多了一份与众不同的广阔视角。"

每一段经历都有它存在的独特意义，每一段我们走过的弯路也一样具有它非凡的价值。有时，也正是因为我们走过许多弯路，才会收获那么多宝贵的人生经历。

20世纪90年代，互联网的兴起让许多大学生通过网络接触到外国的思想。当时有个叫吴永华的大学生酷爱上网，最爱浏览的是金融网页，看得多了，他也由此产生了投身金融行业的想法。

就凭着这种爱好，从山东农业大学毕业后的吴永华进入了某地区的银行系统。在银行就职的几年中，他系统地积累了许多金融知识，也更加深入地研究了我国的金融体制。就像许多年轻人一样，吴永华对自己的未来也有很多憧憬。于是几番挣扎后，没干几年的吴永华辞去了银行工作，丢掉了他令人羡慕的"铁饭碗"。

辞职后的吴永华投身过各行各业。他做过软件工程师、保险业务员、工程技术人员以及互联网销售人员等，却没有找到自己认为合适的位置。吴永华觉得这段不断换工作的时间，是他最失落的日子，很长一段时间，他甚至陷入了迷茫。在经历了各式各样的尝试之后，他终于决定重新回到自己所热爱的老本行——金融投资行业。

这一次的决定，他不再只是凭着爱好和一时的冲动去做的。经历过那么多沉沉浮浮，他已经确定了金融业是他最爱的行业。不忘初心，方得始终。凭借着之前多年的银行从业经历，再次进入金融行业的吴永华春风得意，接连几次投资都大获全胜，他一鸣惊人。后来，经过十年的奋战，他成了金融投资业的标杆，现如今已是中国数一数二的业内知名投资达人。

假若没遭遇过那么多曲折，没有那些令人气馁的经历，吴永华不会如此确定自己想要的未来是什么。一个人若不肯去尝试，处处谨小慎微，拒绝走弯路，那么在无形中也失去了很多可能与机遇。

吴永华说，回忆起当初那段挣扎的日子，如果不是经历过、痛苦过，他也不会那么毅然决然地回到自己的老本行。走过了那么多路，看过那么多风景，还是觉得当初的事业才是他的最爱。

而那一段晦暗的时日，也成为日后对他人生最有帮助的一段时光。

我们有多少人在害怕走弯路？总觉得倘若走错一步，就会损失好多光阴与金钱，殊不知踌躇不前也是一种损失。去勇敢去尝试吧，我们往往是在走弯路的途中收获了最真实的自我。错了才会知道自己内心深处埋藏的答案。倘若没错，那么我们便找到了最适合自己的活法。

永远不要在一件事情上执迷不悟

很多人明明知道一件事情可能已经出错了，可他们却还是不加思考地坚持去做：明明知道某一只股票短期之内应该还会下跌，却抱着一丝希望继续盲目疯狂购进，最终赔得血本无归；明明知道说出某些话会伤害别人，却依旧口无遮拦……这些全是不理智的偏执行为。很多时候我们对很多事的对错明明有着清晰的认知，可我们还是一意孤行，这就是最典型的执迷不悟。

我们执迷不悟的最主要原因是什么？

美国心理学家莱昂·费斯汀格认为，人们出现执迷不悟的心理时，一般都伴随着认知失调等情况，往往无法将现实与假想区别开来，产生了客观和主观的矛盾。这些人总将自己的想象与老旧经验及侥幸心理混淆在一起，并且将这种错误的思维状态延续到了现实中来，于是就造成了难以挽回的后果。

小米品牌的创始人雷军是人人皆知的优秀创业家。2010年小米成立，经过七年的成长，小米品牌估值已从当初的100亿飙升至1000多亿，雷军带领的小米可谓相当成功，但优秀的创业家也有投资失败的时候。

在投资小米之前，雷军投资过凡客、尚品网、乐淘网等电商企业。初期雷军投资凡客时，凡客曾辉煌一时，媒体甚至评价凡客"若在电商领域声称第二，无人胆敢居第一"。

后来，凡客在八年的时间里进行了七轮融资，经过融资后市值从5.3亿元最高达到50亿元。迅速地膨胀以及虚假的泡沫，让凡客最终出现了库存危机、资金链断裂、上市失败等诸多经营问题，公司进入了风雨飘摇阶段。

即便如此，也许是不愿接受凡客失败的现实，也许是雷军与凡客创始人陈年有着多年情谊，在2014年雷军继续领投一亿元的资金救凡客，希望能帮助凡客渡过难关。

然而三年多过去了，历经劫难的凡客始终未能摆脱困境，雷军对凡客的投资也被经济学家们归为失败案例，甚至有人形容雷军对凡客的投资是从"最成功的事"变为"最倒霉的事"。

对一件事情的未来发展认知不清，盲目冲动地做，很容易让我们陷入困境之中。很多人明明知道某件事情不可为之，却还是执迷不悟，无视现实给我们的警示，一错再错，而这样的事情，结果只能是一败涂地。

董燕和男朋友是大学同学。毕业后，董燕留在了本地一家国企，而男朋友因为梦想，去了另外一座遥远的城市工作。两人虐心的异地恋就此拉开帷幕。

刚分开时，董燕和男朋友每晚九点后的电话粥常常要煲到天明，每一个小长假的相聚都是那么激动人心。

这样的状态持续了将近一年。此后两人虽然还是保持电话聊天、假期相聚的状态，但董燕感觉到了微妙的变化：由于两人工作环境的差异，聊天时总有一种话不投机的感觉。打电话的时间越来越短，有时甚至到了没话找话的地步。有一次，他们竟然一个多星期都没相互联系，但董燕也没觉得缺失什么……董燕的爱情就这么不咸不淡地持续着，关于彼此的未来，不知是有意还是无意，董燕不敢提，男朋友也从来不谈。

今年的第一个假期，男朋友支支吾吾地说单位加班，不能来看她了，这是以前从来都没有的情况。董燕一点儿也没有抱怨，她甚至完全不生气，好像这种情况她已经等了很久，只是今天终于发生了而已。

假期闺密聚会，董燕表面平静地找了一堆理由帮男朋友敷衍过去了。聚会结束，好友微信问董燕："你俩没什么事吧？"仿佛被戳到了痛处，董燕的眼泪再也控制不住，她真的不知道该怎么回答了。

回忆起相恋六年的点点滴滴，董燕确信，大家都真心付出过。即便工作后天各一方，但大家也都在努力地维持、小心地保护着这越来越脆弱的感情，彼此都不忍谈分手。董燕明白，二十六岁姑娘的恋情不能再是嘴上的谈情说爱，是要奔着结婚去的，她需要一个人在她饿的时候给她做好吃的，下雨的时候能来接她，生病的时候陪她去医院。而现实中的他们谁也做不到不顾一切地放弃所有，到对方的城市从头开始。

但董燕就是舍不得两人在一起的欢愉，也担心找不到比男朋友更好的男人。

假期结束，董燕像什么事都没发生过一样，继续着这段不知何去何从的恋情。

这个故事的结局，我们心里早已明了。

我们有很多人败就败在了明明知道自己错了，却依然不肯承认，让一切继续往错的方向发展，在错误的道路上越走越远。这无疑是增加自己的失败成本，让自己更难以承担最后的结果，最终失去更多。

除此之外，我们还应当善于听取别人的建议，毕竟当局者迷，旁观者清。因为不受情绪干扰，有时候他人的看法与见解往往比我们当事人更理智、更正确。当我们对现实情况认知不清的时候，不妨多询问他人，多方思虑后再做决定。

为了躲避一些我们不愿承担的后果，遮住双眼、自欺欺人、执迷不悟地一条路走到黑，等待我们的一定是更加黑暗、更加惨痛的结局。有时，学会及时抽身是一种大智慧。

有些事，你不做，不代表你错了

◈

有时候我们遇见不顺心的事情，好不容易忍下来了，回头一想却又觉得愤怒不甘，好像当时没与人争个高下，却忍下来了是天大的错。有时我们待人处世难得理智一回，恰到好处地敛起怒气，事后反倒怀疑自己是不是太窝囊，于是又沉溺在"放过他真是太跌份了"的愤怒情绪中不可自拔。

我们不与他人争执是错的，我们对他人忍让是错的，我们以和为贵是错的……事实上，真的是这样吗？

前一阵子，好友黎落家装修，工人换了一批又一批，几乎都是以不太愉快的情绪结束了彼此的合作，究其原因就是黎父是个暴脾气。

黎父性格不好，又自视甚高，常常指挥工人，而且工人必须服从。有时，工人刚爬上了两米多高的架子准备刷涂料，黎父却把工人喊下来，让他们干别的事情。有的工人没有及时下来，黎父暴脾气发作，就对工人一通大骂。用黎父的话说：我花钱把他们请来，他们竟敢不听我的？

黎落百般劝父亲，可黎父就是不听。黎父每每都回道："我不给他们点颜色看看，他们就不知道姓什么！"

黎父总觉得如果不摆出个蛮横的姿态，工人就不会听他的。久而久之，黎落家请来的工人怨声载道，但凡与黎父有过交流的工人都纷纷请辞，黎落被父亲的暴脾气整得苦不堪言。闹得最严重的一次，黎落甚至要叫警察来到家里制止这混乱不堪的局面。

让黎落没想到的是，在警察面前，黎父还叫嚣着要打工人。

"让他们干活，他们不干！我要是不打他们，警察还觉得是咱家的错呢。"黎父如此解释。黎父最终没动手，但事后黎父越想越觉得伤了他的自尊，总觉得当初不应该和解，应该狠狠地教训那些工人。黎父陷入一种偏执的思维状态中，后来连着几天都在梦里与工人打架，仿佛只有这样才能找回他的尊严。

　　黎落和黎母见到了这种情形，也不知道该怎么劝慰，只能连声叹气。

　　万事和为贵，有时我们让别人三分，别人也就敬我们三分，只要我们好好与他人沟通，他人自然也就会好好与我们沟通。有时"吃亏是福"、"和善待人"、"和气生财"等俗语并不是空话，而是中国几千年来沉淀下来的人生智慧。

　　黎落觉得凡事不必太过较真，人们往往在争执的过程中恶语伤人，重则触犯法律，轻则令自己情绪积郁，伤及身体。黎落主张圆融做人，黎父却觉得，凭什么要让别人占你的便宜？为什么你要忍让别人？在黎父的意识里，从来就没有"退让"二字。

　　黎父年轻时也吃过亏，他曾因为一时冲动在公司里大骂别人，后来因为这事儿捅了马蜂窝。

　　黎落想劝父亲退一步海阔天空，他却根本听不进去，总有借口证明自己是对的。

　　就拿装修的事来说，倘若对装修过程有意见，可以好好沟通，提出建设性的意见，而不是扬言打人，还认为不打不骂就是伤了自己的颜面。但你考虑过吗？同样生而为人，你有颜面，你有自尊，别人就没有吗？凭什么每个人都要容忍你这无理的性格？

　　有些人在他人眼里稳重如泰山，受人尊敬；有些人则在他人眼中恶劣如狼鼠，受人唾弃。待人处世退让一步，不代表是我们错了，有时候我们拼尽全力去争一个对错，争到最后事情本身都失去了意义，结下了不少仇怨不说，就算自己最后争赢了，也不见得脸面上能添多少光彩。

　　有些事我们不做，反倒博得他人好感，有些事做了才会令自己跌落深渊，日后寸步难行。

　　做人做事若是把握不好尺度，便容易伤及他人，损害他人利益，或伤及他人自尊。

　　有些事，我们不做，并不代表我们错了。退让没有错，若是鸡毛蒜皮的事，那么能过且过，若是无伤大雅的退让，那么我们输一分又如何？假若真的到了无法退让的地步，那么完全可以申请仲裁机关的介入，这是一个法制世界。倘若我们有理，可以寻找法律途径解决，根本无须我们气势汹汹上阵，最后闹得两败俱伤。

　　我认为，若是两方有矛盾争执不下之时，最好的处理方式便是化干戈为玉帛，而不是火上浇油。我们可以理智地看待一件事情，再去冷静地处理它，避免冲动和愤怒。

我们好不容易理智一次，回头一想又偏偏气不过，于是又来来回回地闹一阵子，仿佛觉得让了别人一回便是害了自己似的，越想越生气，于是又暗自发誓下一次再讨要回来。

长此以往，我们的人际关系只会越来越差，为人的风评也只会越来越烂。

我们一定要记得：有些事你不做，不代表你错了；有些事你做了，才是错了。

PART 3

自控力：
不宠着自己的人总有好运气

我们总是太容易被外界的氛围感染，被他人的情绪左右，乱了心神，困了心境。情绪像桀骜的雄狮，要么你去驾驭它，要么它驾驭你，你是否理智，将决定谁是坐骑，谁是骑师。

不纵容自己的人，才配得上更好的人生

话从口出，相由心生。一个人怎么想、怎么做，全是自己的性格在作祟。一个拥有良好性格与品行的人，他们会走得很远。而一个性格不好、做事偏激的人，哪怕他才高八斗，性格也会成为制约他发展的因素。

在现实生活中，有能力却无法与身边的人好好相处、合作，而失去了晋升空间的人比比皆是。

李宇是个潜力股，大学刚毕业没多久，他就自己筹资办了个培训班，培训班招收的学生初期并不多，但因李宇的教学经验丰富、教学模式新颖，于是许多家长慕名前来，培训班开办没多久李宇便盈利了。

事业上的顺风顺水，导致了李宇的狂妄自大。在工作中，稍有不如意，他便会严厉批评下属。

大家都是初出社会的年轻人，李宇却没与大家打成一片，齐心协力共同创业，反倒是端起了架子、喜怒无常。飘飘然的李宇很快尝到了苦果。

他手下的二十余位资深老师集体跳槽去了另一家新兴的培训机构。他面临着招收的学生过多，而师资严重不足的困境。无奈之下，李宇只能认清现实，把报名费退还给学生，他自己则陷入了很长的一段颓废期。

有位伟人说过：性格与情绪就像是一头雄狮，我们的心态将决定谁是坐骑，谁是骑师。要么我们被它们驾驭，要么我们驾驭它们。我们的未来会怎样，我们的命运会如何，就看我们如何选择。

太过放纵自己的人容易跌得很惨，不宠着自己的人总有好运气。我们的心态是我们真正的主人，这个世界没有上帝，我们的上帝是自己，这个世界也没有恶魔，我们的恶魔同样是自己。

假如我们选择了一个不理智的人生，选择意气用事，选择苛待身边的人，那么我们也定会遭人遗弃。力是相互的，人与人之间的交往也是相互的。我们无法选择自己的出身，却可以选择自己未来的路怎么走。我们不能预测自己将遇见什么事，却可以选择如何对待即将遇到的事。

性格决定心态，心态决定人生，也影响着我们的命运。倘若我们不想让自己的才华被埋没，就一定要做个理智的人，从现在开始改变。只有不纵容自己的人，才配得上更好的人生。

离过去越近，离未来就越远

◆

现实生活中，有些人常常对过往的事情耿耿于怀，有些人因为不能忘记曾经的失败，一蹶不振，有些人则是沉溺在上一段感情里走不出来。

微博上有一位拥有百万粉丝的博主，近期抛出一个话题：跟前任分手后，你过得怎么样？这一话题，引来了成千上万条回复，有人说很好，也有人说不好。

最热门的是一个姑娘的回复，她说："很不好。十年前遇见他，在一起五年，分开了五年。分开的五年里我无时无刻不想他。我辞去了在家乡很好的工作，只身一人到他所在的城市去找他。可他已经有了新的女朋友，根本不肯见我，而我却一个人吃饭，一个人上班，拿着微薄的薪水，冷暖自知。不是不累，只是还不肯放下……这几年，也有人说喜欢我，想照顾我，可我就是忘不掉他。这种错误的思念就像毒药，害得我一直沉溺在过去的生活里，明知道很可悲却控制不住自己。这大概，就是我与他分手后的日子吧。"

还有一个姑娘留言："我与他从小就认识，我一直很喜欢他。大学时他的第一任女朋友是我的闺密，第二任女朋友也是我们班里的同学，他一直离我很近，我却始终不能够光明正大地喜欢他。后来，在大学毕业的那一天，我终于鼓起勇气向他告白，他却因为喝醉了好像什么都记不得……

"再后来，一个偶然的机会听见他和他的兄弟偷偷在背后议论我：'她呀……我不喜欢她呀，小时候和她一起长大，到现在都只是把她当男孩子看。她说喜欢我很多年了，我装醉糊弄过去了……'

"我用十年的时光喜欢一个男孩子，课间的时光是他，日记本里的心事也是他，喜欢他打篮球的样子，喜欢他骑单车的样子，喜欢他参加社团活动时跳舞的样子……有多少姑娘可以用十年来喜欢一个人呢？可这样一个人，却将我弃之如敝屣。

"很长一段时间里，我甚至不敢抬着头走路，不想与男同事讲话，我的自卑仿佛沁入了我的骨血里。但是后来啊，我终于想开了。为什么要纠结于这过去的十年呢？过去的人已经过去了，可未来还会认识更多更温暖的人，未来也还有好长的日子等着我去好好过啊！

"后来，我删除记忆、整理心情，然后再重新开始，这大约就是我与他分别后的日子。现在我有很爱自己的男朋友，父母与身边的好友也很看好我们，我已经……要结婚啦。"

五年与十年，漫长的时光里满满都是伤痛，两个姑娘的故事都很动人，一个倔强不肯放手，一个乐观开朗，敢于面对过去的不愉快。

有时想想，我们沉溺在过去里又能如何呢？那个不爱你的人会回头吗？还是只要我们不顾一切地付出，未来就会变得更好？有些人会觉得，只要再坚持坚持就好，但事实是那个舍得离开的人，极少愿意回头。当你爱得卑微如尘埃时，你就真的只是一粒尘埃了。我们可以不忘记过去发生的事情，但一定要放下。

假设我们有十分的精力，我们把八分都放在缅怀过去的事情上，那么便只剩下两分来打理我们现在的生活了。如此下去，我们只会越过越差，我们的日子只会越来越糟糕。

身心都活在过去的人，怎么可能好好规划未来？念念不忘只会浪费我们的时间和精力，降低我们未来变得更好的可能性。只有放眼未来、把握机会，才有可能生活得更好。

如果问我对如今不愉快的生活有什么建议，我只能给出三句箴言：将过去沉淀，把握住当下，用心展望未来。

当我们一味地纠结于过去的事情不能自拔，那么等待着我们的只有一个黯淡无光的未来。我们只有真正把未来当回事了，未来才会真正把我们当回事。

爱因斯坦的情商不高，他不喜欢与别人沟通与交往，一生经历过不少曲折。小时候的爱因斯坦常被人质疑是一个"病孩子"，四五岁都不怎么会讲话，十二三岁的时候因为行动缓慢，差些被学校勒令退学。

十六岁时，爱因斯坦想进入瑞士苏黎世的一所工业大学就读，可是在入学考试中失败了。爱因斯坦并没有气馁，他听从了这所工业大学校长的建议，转而去阿劳市的州立中学念书。也正是因为这所中学自由的氛围，爱因斯坦有了更多的空余时间进行自己的科学研究。

爱因斯坦曾说过："判断一个人真正的价值，只有一个标准，就是看他在多大程度上摆脱了他的'自我'。"假如一个人连自己的过去与自己的执念都无法摆脱，那么他也不配拥有更好的生活。正因为如此，爱因斯坦本人也很少回望过去，而是将更多的时间和精力投入到无限的科学研究之中。

生命很短暂，匆匆数十载光阴放于历史长河，只不过是微不足道的一瞬。如果我们把人生大部分时间都用来缅怀过去的话，那么我们将很难拥有一个美好的未来。

太过纠结于过去，只会让我们越来越走不出去，与其仰望别人的幸福生活，不如从现在启程，奋斗出一个自己想要的人生。

不要让将来的你，讨厌现在不理智的自己

◈

2015 年，白俄罗斯女作家斯维特兰娜·阿列克谢耶维奇获得了诺贝尔文学奖，她的获奖作品《我不知道该说什么，关于死亡还是爱情：来自切尔诺贝利的声音》是一部纪实作品，讲述了核污染地区的人们的生活。作品的第一章写的是一位名叫露德米拉的女人的故事。

露德米拉是一位消防员的妻子，在这场由反应炉发生爆炸而演变的核灾难中，她失去了她的丈夫瓦西里，当时她已经怀有六个月身孕。

事故发生的当天，瓦西里因为身体受到了严重的辐射而被送到医院救治，他身上有很多烧伤的创口，被隔绝在危险病房里面。露德米拉知道了他受伤的消息，急忙赶往去医院探望。

后来，露德米拉听说第一批进去救火的消防员里面，已经有人因为核辐射而陆续死去，他们死状惨烈。露德米拉意识到自己的丈夫可能也会离去时，她开始哭泣，开始频繁地去医院。

那个时候，医院已经对来探望的家属进行了严格的管控，医生对她说："你的丈夫已经是个核放射源，你不能靠近他，你会被辐射的。"露德米拉与瓦西里新婚宴尔，正是感情最浓的时候，她根本听不进其他人的劝告。

因为消瘦，她虽然已经怀孕很久了，肚子却不是那么明显，医生问她："你是不是怀孕了？"露德米拉哭着否认："没有，我没有怀孕，求求你让我进去看他。"

露德米拉用尽一切办法进入高危病房，她陪伴着丈夫，医生说她不能拥抱他，不可以离他太近，但她还是疯了般地与他相拥，甚至与他亲吻。她已经完全忘记了肚子里的孩子。

后来，死神还是带走了瓦西里，瓦西里的遗体甚至需要特殊的处理，密封之后才能下葬。没多久，露德米拉生下了一个孩子，可孩子刚出生，便被检查出带有核辐射，并且伴随着许多先天性的疾病。露德米拉这才悔不该当初，为什么她当初不理智一些？为什么她要害了自己的孩子？

这个时候的露德米拉不管怎么哭，哪怕是哭瞎了眼睛，也没办法挽救她与瓦西里唯一的孩子。医护人员抱走了这个刚出生的小家伙，过了十多天，还回来的是一个黑色的骨灰盒。悲伤过度的露德米拉从此再也不肯多说一句话，关于她失去的丈夫与孩子，她只字不提。就这样过了十年，露德米拉就算有了新的生活，也不曾忘却这一段经历。

有时候，我们会很讨厌自己，我们常常会问：为什么我当初要这样做呢？为什么当初那么不理智，那么不顾一切？

我们与自己作对，与他人作对，我们欺骗别人，欺骗自己，自以为逃过了一劫，却没想到冥冥之中自有安排。你以为侥幸躲过的一切，会在未来的某个时候等着你。

我们冲动时做过的那些错事、发过的脾气、没控制住的情绪，那些刻薄的出口伤人的话，那些脑子一热拒绝了的机会，都会一五一十地还回来给我们。若干年后，我们回想那些自己失去了的机遇，再看看别人的生活与成就，我们失落、悔恨，可是这时已经于事无补。

有时我们觉得自己活得好累，好像一无是处，只能孤单地看着别人狂欢。我们或许会抱怨，生活是不是对我们太过刻薄？其实一切皆事出有因。很多时候，不是生活太亏欠我们，而是我们早就亲手书写好了自己的命运。

过于感性的人往往不能处理好自己的工作和生活，他们总是在该动脑子的时候动了感情，丧失理智，常常连前因后果都没想好便盲目去做，冲动而鲁莽，完全不考虑后果，直到将自己推入举步维艰的境地。

有时候我们逞口舌之能，有时候我们目光短浅，只看见暂时的利益或只图一时痛快。其实若想将来的自己不讨厌现在的自己，那么最好的办法就是改变现在糟糕的自己。

在人生的博弈里，不动脑子的人只会输得血本无归。

露德米拉因为只顾眼前，才会失去自己的孩子。如果我们发现自己是个不理智的人，那么就要吸取经验教训，这样才不会让将来的你，讨厌现在不理智的自己。

二十岁的我们凭感觉做事，三十岁的我们凭感情做事，到了四十岁的时候我们又仗着自己有经验，还是不肯动脑去想问题，那么到最后，我们一定会为今日的不理智而后悔。

　　我们对未来的迷茫和纠结，都是因为我们现在不动脑子。生活需要激情，但不能只有激情，若在需要智商的时候盲目冲动，那么我们也只能自求多福了。

有些机会，没有下一次

◇

电话里，橘子抽抽搭搭地已经哭了大半个小时。用她自己的话说，她过得很不好，正四面楚歌。

身为公司会计的橘子，主要的工作是负责公司账务处理。同部门有位已经任职多年的男出纳常常在老总面前诋毁她。

橘子哭着说："那位出纳太可恨了，他时常报假账以中饱私囊。我看出账单的猫腻，如果我指出来，他就揪住工作中的一些小事添油加醋，甚至无中生有，到老总那里告状，说我不配合大家的工作。如果不指出来，这样就是我没尽到责。我真是左右为难。"

听着橘子在电话里的抽泣声，我无奈地问她："一年前，你们老总让你主管财务部门，你为什么拒绝？"

一年前的橘子可谓春风得意，因为做事认真，老总决定将财务部交给她主管。那时橘子就像鬼迷了心窍一般，用各种理由连着三次拒绝了老总。

在这个过程中老总的耐心与信任被磨光了，老总觉得她是一个没有责任感、不堪大任、不值得托付的人。而出纳和其他员工的告状，正好"印证"了他的看法，自然而然，事情就发展成了如今的样子……出纳认为橘子是挡在自己面前的绊脚石，公司同事认为橘子在工作中故意刁难大家，于是出纳一边向老总状告，一边又联合其他同事与她针锋相对。橘子在公司做事进退两难，结果自然是受尽委屈。

橘子在电话里哭得让人心疼："为什么大家都怪罪我、讨厌我，好像我做什么都是错的，我到底做错什么了？"

我答："你最大的错误就是不懂得审时度势，太不理智。"

我告诉她："假若当初你答应了老总的好意，老总觉得你一切以工作为重，不怕辛苦，敢于担当，自然更加信任你。但凡老总相信你，日后你就算工作上稍有失误，他也会有足够的耐心等待你成长。"

我对橘子说，如今这糟糕的局面，都是她自己造成的。

橘子也意识到了自己当初的不理智，很是后悔，但是这时老总已经不再信任她了。对于老总来说，想改变公司目前糟糕的状况，只能把大家反对声最高的橘子给替换掉。不久，新的财务主管上台，橘子也就这么被打入了冷宫。

有些机会，没有下一次，我们一旦错过了，就真的错过了。

假如我们不想像橘子一样，就要好好正视一切摆在我们面前的机会，如果是自己能胜任的，便好好抓住。不要因为自己一时的不理智，而造成一个糟糕的结果。

很多时候，我们的成功都是被自己给断送的。

有一个姑娘叫紫阳，大学毕业不久的她只身去了北京工作。在北京，她进入了一家人才济济的公司。她刚到公司的时候，恰好遇到公司要举办的一个会展项目，公司要选择一个人去负责会展的统筹与布置。

　　这个会展项目已经持续两三年了，每年举办一次，每一次都会由老员工去负责，每一次去负责的老员工都会抱怨这项工作是吃力不讨好，久而久之也就没人愿意去了。

　　刚进公司的紫阳误打误撞被安排去负责这次会展工作，经理看她资历尚浅，曾告诉她："假如不想做，或者觉得负责不了，就回来告诉我一声。"

　　令经理没想到的是，紫阳不仅没回来请辞，反而把这项工作做得有声有色。对于紫阳来说，年轻人少睡几个小时没关系，绞尽脑汁布置会场做统筹工作也没关系，年轻的优势就在于能奋斗。比起吃苦，她更怕把握不住这个机会，做得不好，令公司失望。

　　会展活动如期举行，紫阳的努力付出得到了回报，这一届的会展受到了广泛好评，紫阳就这么在公司站稳了脚跟，经理对她青睐有加。很快又有了一个更大的机会，集团的总经理要从基层选择一位小姑娘做助理，他们部门的经理推荐了她。

　　紫阳就这么一跃，进入了公司的上层部门。

　　人生中我们会遇到很多机会，人生能不能改变，就看我们是否能牢牢把握住机会。倘若我们被负面情绪冲昏了头脑，做出一些不理智的决定，那么我们只能与它失之交臂。而如果我们看清局势，不怕吃苦不怕累，能够扛得住这份重担，那么我们也势必因它而得福。

与其在风雨中逃避，不如在雷电中舞蹈

◈

我曾遇见过一位很顽强、很能扛事儿的男孩。

那一年他二十三岁，本该洋溢着青春朝气的脸上却布满了伤痕，面目可怖。因为工作需要，我要替他拍摄一段短片，但他自卑得不敢面对镜头，拍摄工作一度难以推进。他的母亲在房间外哭着对我说："他以前最喜欢拍照，但因为那场爆炸，大火烧伤了他身上的大部分皮肤，从此他再也不肯拍照了，整天躲在房间里不愿见人。"

最后，我们提出不拍摄他的面部，他才勉强同意继续接受采访。

采访的过程中他说，出事前他已经签了一家建筑公司，本来等过了年就要去上海报到，但是没想到邻居闹自杀，他冲过去救人，结果自己被殃及炸伤，邻居死了，他也被严重烧伤。

那时，他的目光是阴暗的，神情落寞。问及日后想做什么，他沉思了好久，说希望能出国整容，再走一步算一步吧。问他想过要

放弃生活吗，他坚定地说自己从没想过会放弃。

只要人活着，一切困难与挫折都不算可怕。他说他虽然失去了一种未来，但幸运的是他还活着，还有机会去创造另一种全新的未来。

节目拍摄完毕后，我与他互加了微信，偶尔会关注彼此的状态。让我感慨的是，在我们拍摄过后没多久，他就真的去进行了一次植皮手术，手术很成功。不知是他坚定的想要好好生活的信念战胜了病魔，还是他想要重新开始人生新旅途的愿望太过强烈，总之上天再也不愿意苛责他。手术过后的他脸上虽依旧可以看出大火肆虐的痕迹，但他已经不再惧怕任何镜头了，朋友圈有时还会出现他带着微笑的自拍照。我看到了他眼中重新熊熊燃起的希望。

回到上海的大公司已经是不太可能了，他筹了一些钱，在家乡开了一家小店，从装修到开业全是他亲力亲为。现在他已经能很乐观地与顾客聊天，也可以在顾客好奇、顾忌的眼光中坦然地与他们谈起自己的经历。渐渐地，因为他的容貌而害怕他的人越来越少，人们更多的是对他心存一份敬佩。

后来，我再与他聊天，他说他曾以为自己的人生已经毁了，但后来才发现，原来只要自己不放弃，生命中的任何苦难都不足以打倒他。他还说，他觉得如今的生活很好，当初他若真的就此倒下，可能也没有现在自信乐观的他了。

　　我们在生活中难免会遇到各种各样的挑战，很多人遇到一丁点的问题就很绝望，觉得这个世界太不公平，他们无法在一个风雨交加的世界生活。但其实令我们生活得不够好的最大原因根本不是别人，而是我们自己。

　　每个人都在经历着各种各样的成功与挫折，每个人的人生都会有起起落落，唯一不同的只有我们对待挫折的态度。有些人遭遇了风雨，在风雨里跌倒了，就此倒地不起；有些人遭遇了风雨，爬起来掸掸身上上的泥土，又重新出发。

　　我们面对挫折，是否能够理智地做出选择？是逃避还是坚持，一定会给我们带来不一样的结果。

　　与其在风雨中逃避，不如在雷电中舞蹈。即便我们被生命中的瓢泼大雨淋得浑身湿透，但这也是一种人生的恣意。很多时候与其逃避困难，不如迎难而上。

当我们面对困难时，是选择懦弱地逃避，还是选择理智地坚持，不同的选择将带给我们完全不一样的人生。

丘吉尔是英国著名的政治家，他有过一段很特别的经历，这段经历改变了他的人生。1899年，辞去军职的丘吉尔以一名记者的身份来到了南非，在这里当一名战地记者，采访英布战争。但是在跟随军队进军的途中，他被后来成为南非总理的扬·史末资所俘虏。

丘吉尔此时只是一名普通的战地记者，本应被释放，但偏偏丘吉尔又携带着武器，甚至还参与了战斗，布尔人因此拒绝释放丘吉尔。在战场上被俘虏并被拒绝释放，丘吉尔的内心十分绝望，但是他没因此而放弃，而是拼命地逃了出来，越狱成功的他在一位英国人的帮助下逃到了洛伦索的英国大使馆。

他的成功出逃不仅救了他的命，还让他在英国名声大噪，从此他开始了自己的政治生涯。后来，在这场劫难中生存下来的丘吉尔成功地通过竞选，成了英国首相，并且两度担任英国首相一职。

假如丘吉尔当初不力争改变现状，而是在牢里消磨意志，等待着死亡的判决，那么等着他的可能是丧命而不是成功。很多时候，我们正因为在电闪雷鸣中坚持了下来，才有机会欣赏到雨后天边那道最绚丽的彩虹。

世界上比我们更苦难、更不幸的人那么多，倘若我们在小小的失败与困难里跌倒了，那么我们也不配拥有一个很好的未来。

不宠着自己的人往往有好运气，让我们勇敢地迎难而上吧，也许，只要我们在现实的狂风暴雨里再坚持一下，就有可能看见不一样的风景。

对不知道的事，直接说"不知道"才最轻松

　　我们在工作和生活中经常遇见这样的问题：别人有困难需要我们帮助，有些是我们力所能及的，有些是我们力所不能及的，有时候我们好心地想要帮助别人，到最后却好心办坏事，反倒会被人怨恨上，因此失了友情，还给自己惹来麻烦。

　　近期有一则新闻报道，某地有家包子铺，老板娘由于心善，每逢周二、周四店里都会赠送包子给那些生活有困难的人。起初有很多人来领取，特别感谢老板娘。这个活动持续了一段时间后，生活拮据的人已经把包子铺当成一个免费吃早饭的地方了。后来老板娘因生意不好，实在无力支撑下去，只能取消了这个活动，如此一来，突然有好多人上门谩骂老板娘抠门。老板娘后来在记者面前心酸流泪。

很多人我们帮助了一次，他们便会要求我们再帮助他们第二次、第三次，甚至更多次。人们一旦从一件事情上获得便利之后，就会贪图这样一份便利，并且一直希望在某件事上占尽便宜。

于是我们有时候费尽心思帮助他人解决问题，最后却成了免费劳动力。受了帮助的人虽然心怀感恩，但他们也同时更依赖我们，最后一而再，再而三地索取帮助，本就已经能力不足的我们，定有无力承担的挫败感。

我们公司办公室里有两个姑娘，一个特别爱问问题，一个特别爱回答问题，两个特别"相近"的人凑在一起就成了一出戏。大家在工作的时候，办公室里常常出现这样的声音："哎，明筑，你来帮我看一下这份《可行性调研报告》怎么做啊？"

"明筑，这个技术方案怎么填？有部分我不会啊……天呀，怎么办，一会儿就要交给领导，一定会被领导骂死。"

爱问问题的姑娘一有不懂的不是先查询资料，而是先嚷嚷着问来问去，大家都习惯了。每当这个时候，办公室里的人就默不吭声，只有爱回答问题的姑娘明筑回答她："哎，我也不太懂，不过好像又知道一点。邱蕾你等等我，我来帮你看一下。"

　　明筑太过热情，明知自己也不知道怎么做，却还是上前帮邱蕾。结果两个姑娘在谁都不懂的情况下，硬生生弄出了一份《可行性调研报告》来，但明筑这么一凑热闹，却出事了。

　　报告交上去后，邱蕾被领导叫进办公室，里边传出了摔文件的声音。邱蕾做的文件令合作对象非常不满，对方甚至质疑了整个机构的业务水平。邱蕾出来以后，明筑想上去安慰，却被邱蕾恶狠狠地一瞪，这宛如刀子的目光令明筑一愣。

　　后来办公室的大姐私底下劝慰明筑，以后自己不太懂的事情，尽量不要去掺和，要是别人问你怎么做，你如果不懂就直接说不懂，不要明明自己不知道，却还拐着弯子去回答别人。明筑若有所思地点了点头。

　　其实，对不知道的事，直接说"不知道"才最轻松。

　　科学家丁肇中有一个故事一直被人们奉为佳话。在一次科研成果报告会上，丁肇中做完了关于在宇宙中寻找暗物质和反物质的科研成果报告，学生们很有兴趣，到了问答环节，大家都纷纷提问。

　　第一个学生提问："您觉得在太空中，人类能找到暗物质和反物质吗？"

丁肇中回答：“不知道。”

第二个学生提问：“您觉得您现在所从事的科研项目有什么经济价值？”

丁肇中依旧回答：“不知道。”

第三个学生问丁肇中：“您能谈谈未来二十年物理学的发展方向吗？”

丁肇中还是回答：“不知道。”

于是三个“不知道”过后，全场哗然。

其实丁肇中并非不能回答，而他却选择直接说“不知道”。因为这是一个正式场合，而大家提出的问题却都太过空泛，这些问题当前并没有任何标准的答案，即使回答，能说出来的也是空谈。丁肇中认为目前谈论这些并没有任何意义，那么还不如干脆说“不知道”。

倘若他高谈阔论一番，事后又被证明自己的观点是错误的，那么岂不是给自己添麻烦，毁了自己的一世清誉？做学问的人最怕不严谨，丁肇中如此干脆了当地回答“不知道”，反倒为自己博得了求真、求实的名声，一直被誉为科学界的佳话。

我们在生活和与工作中也是一样，知道的便回答，倘若能替别人解决问题，也算是好事一桩，但倘若真的不知道，那么与其含糊其辞，给人留个念想，倒不如干脆了当地回答"不知道"。相信只要我们坦诚地回答，没有人会为难我们，更不会因此影响我们与他人的人际关系。

理智地承认自己确实还有很多不懂，并不是一件可耻的事情。直接说自己"不知道"，不仅能避免给他人带来麻烦，也能避免给自己带来麻烦。

知之为知之，不知为不知。我们只有如实地回答，才不会因为自己的某些过失行为，给自己与他人平添很多祸事。也只有这样，我们才能坦然地面对别人，坦然地面对自己。将来，我们才不用为自己的不理智行为买单。

后悔是比错误本身更大的错误

后悔，是比错误本身更大的错误。

很多时候，当我们遇到事情时，不知是因为哪根筋没搭对，还是因为自己不够成熟，总之做了一些错误的决定，也误失了良机。于是很久之后，哪怕事情已经过去了，我们却还沉湎于那种后悔的情绪中不可自拔：

假如我当初不那么做就好了，我可能现在已经是一家公司的经理，为什么我偏偏因一点小矛盾就辞职了呢？

假如我当初好好参加考试就好了，为什么当时沉迷于玩游戏不能自拔呢？我为什么要翘那么多的课，导致最后没拿到学士学位证书呢？

假如当初我理智一些就好了，对方明明已经不喜欢我了，我却还死缠烂打，导致对方更厌恶我了，闹得最后连朋友也做不成。

我们不断地纠结前尘往事，目光向后看，却从未抬头往前看。陷于后悔的情绪中不放手，只会导致自己的错误越来越大，只会令自己越来越难受，越来越放不开。

让过往的错误郁结于心，还不如及时分析我们犯错的原因。哲学上有一句话，叫作"人不能两次踏入同一条河中"，本意是讲"变"的哲学。其实生活也是这样，人不能犯两次同样的错误，而我们常常郁结于同一件事，一直在为一件事情后悔。在我们为一个已经犯下的错误投入更多不理智的情绪的同时，其实就是在再犯一次这样的错误。

比错误本身更大的错误是后悔，令我们一蹶不振的是始终在同一件事上浪费精力、徘徊不前。后悔是一种耗费我们精神的错误情绪，令我们更加没有动力去改变未来。

亚德曼的心理咨询室有一位跟进了六年的对象。这位年轻人刚来的时候只有十七岁，据说他在一次很重要的考试中失利了，因此没有考上心仪的大学。现实很残酷，但这位年轻人偏偏只有一个梦想，就是进入世界著名的常青藤盟校。因为错失了这次升学机会，年轻人的心理负担过重，他每天都活在懊悔之中，痛恨自己的无能，最后这种负面的情绪导致他已经没有办法正常生活了。为了救赎自己，他来到了亚德曼的心理咨询室。

亚德曼对他进行心理疏导，但是这位少年就是无法对自己考试失败这件事释怀。他一直与亚德曼诉说自己的后悔，为什么自己不够努力，为什么自己因紧张写错了好几道题，他说着说着哭了起来，然后陷入了一种疯狂懊悔的状态。

第一次就诊，亚德曼的心理疏导工作失败了，于是他对这个少年又进行了为期六年的治疗，一开始好不容易说服了少年不要太纠结于过往的失败，可少年总是反反复复地懊恼。少年最后对亚德曼说："医生，我觉得我可能好不了了。"说完他痛哭起来。

后来，这位少年有三年没来亚德曼的心理咨询室，亚德曼最近一次见到他时，他已经二十三岁了。十七岁的他清秀俊朗，二十三岁的他就像是个三四十岁的小老头，头发乱糟糟的，胡子也许久没整理了。

亚德曼叹了一口气。其实这个少年当年只不过是经历了一次小小的失误，完全还有重来的机会，可是他却始终不愿从懊悔的情绪中抽身，结果消沉了意志，再也没办法好好生活了。

少年固执地认定自己是"最失败的人"，随着这种消极情绪的蔓延，他的心理疾病越来越严重。亚德曼没能拯救这位少年的人生，这一心理疏导案例，也被他自己称为人生中最失败的一次心理救助。

其实少年遇到的一次考试失利，在他刚刚起步的人生中，只是一个小事件。他完全可以总结经验教训，积极备战下一次考试，晚上一年大学，对他来说，绝不会产生毁灭性的后果。但他却放任自己在消沉的情绪中不能自拔，这一放任就是六年。六年对几十年的人生来说，绝对不是一小段时间。这段时间本应该是他最好的时光，他能做到很好地完成学业，甚至组建一个温馨的家庭，开始自己的事业。可是他却没有像大多数同龄人一样拥有这一切。六年里，他一直在做同一件事，一件伤害自己的事。他必须猛醒，把自己从消沉的情绪里拔出来，选定一个目标，努力去实现。否则，他的一生真的就被他亲手葬送了。

当错失机会，亲人离去，朋友背叛，我们只能尽力去补救，争取一个最好的结果。哪怕有些事情完全不能挽回，但是只要我们好好分析事态，把这件事情当成一次自我的心理建设的机会，让自己更加懂得珍惜，更好地把握未来，也未必是坏事。

已经失去的再也回不来，后悔往往是最无用的。这种负面情绪会令自己的心态发生改变，对我们的人生产生不良的影响。若我们的思维受到后悔情绪的影响，往往就无法理智地对后来的事做出抉择和决定。而这些偏颇的决定往往会令我们陷入另一个泥潭中无法自拔。"后悔就是拿自己的错误不断地惩罚自己。"

与其对失败耿耿于怀，不如想办法弥补，或者吸取经验教训后将失败化为前进的动力，在日后的生活与工作中多加注意，尽力避免再次犯同一个错误。与其幻想着如果重来一次我们会怎样，不如想一想今后该怎么做。

过去的失败并不能代表什么，而未来却还牢牢掌握在我们手中。只有不沉溺于过去，积极展望未来，我们才会有更好的明天。

只要我们不认输，我们就还有机会重来，我们就还有可能凭借努力获得自己想要的一切。

未来还很远，只要你愿意，我们还有足够的时间整装待发。

敢于放弃99%的平庸

◈

一天二十四个小时，你是如何度过的呢？

一点至七点在休息。起床后急匆匆地洗脸刷牙，把自己收拾妥当，吃早餐，然后出门上班。上午九点到了办公室，打开电脑，收拾一下办公桌，冲一杯咖啡，开始吃早餐。等这一切都就绪后，时间差不多到了九点半，你登上QQ，开始查收邮件。不知不觉中，到了十点。这时，你开始处理手里比较急的事情，嗯，状态不错。可就在这时，微信响起了提示音。打开微信，是大学同学约了下班后一起吃饭。回复了同学的微信，一看时间，该订午餐了。订完午餐，你继续刚才未完成的工作，其间，少不了和同事聊一会儿和接听各种电话。上午就这样过去了。中午花一个小时的时间吃午饭。十三点至十八点仍然为工作时间，但是通常在开始工作的前半个小时内，都还没从中午的慵懒中缓过神来。好不容易进入了工作状态，部门又通知开会了。开完会，边走出会议室边跟同事唠唠嗑，于是，十分钟又过去了。坐回工位，翻翻手机，然后接着工作。很快，已经是下午五点半，想着晚上的聚餐，心早就按捺不住，浏览一下网页，开始收拾东西，六点还差两分，便直奔打卡机前，等着打卡。

晚饭一吃就是好几个小时，等聚完餐回到家，已精疲力竭。胡乱洗洗，赶紧把自己扔到床上，明天还上班呢。

一天就这么过去了。这也是许多人很典型的日常。认真计算起来，一天真的工作的时间是三小时，还是两小时？

当我们每一天都是这样度过的时候，这些日子就会替我们构建出一个平凡的人生。假如我们用这二十四个小时做自己想做的事，而不是这么碌碌无为，或许就会有不一样的结果。

有人曾说过："如果我们想过上1%的生活，那么就要敢于放弃99%的平庸。"我们每一天在社会上奔波，我们假装与身边的同事、朋友攀谈，我们假装与他人很熟络，假装自己活得很热闹，可最后却什么都没得到。我们假装自己很忙，每天手上都有做不完的工作，我们一直都在加班，我们自豪于这个季度又完成了多少单大案子。我们匆匆在这个社会上游走，看似拥有了很多，却又好像什么也没拥有。

我们有一个忙碌而平庸的人生，我们会因别人的轻视去努力奋斗，却不知道自己每一天到底是为何而忙，都在忙些什么？到底如何才能过上想要的生活？每个人都在问，却没有人敢真正放弃自己生命里99%的平庸。

没有人敢放弃目前已有的一切，去真正为自己而努力奋斗，我们已经习惯了虚与委蛇，习惯了每天都在瞎忙，习惯了这样没有远大目标碌碌无为地活着。我们拒绝思考，常常用战术上的勤奋掩盖战略上的懒惰。我们在习以为常的惯性中走向平庸，一生碌碌无为，还安慰自己平凡可贵。

是的，人可以平凡，却不能活得平庸。有时候我们只有放弃生活中的那些平庸，才有可能获得成功，过上那1%想要的生活。

美国的哈兰·山德士上校四十岁之前的人生称得上是平凡无奇。少年时期的他因为家庭，才念到六年级就不想读书了，于是到一家农场工作。后来他又陆续做过粉刷匠、消防员、保险推销员，他还当了一阵子兵。四十岁之后的哈兰·山德士来到了肯塔基州，在这里开了一家加油站。加油站的客人很多，每一次来的人都经历了长途的奔波，人们都饥肠辘辘，此时，哈兰·山德士有了一个新主意，为什么他不兼顾经营快餐呢？

他的厨艺非常好，有了这个想法，他立马就行动起来，于是加油站开始兼顾经营一些日常饭菜。在这期间，他还推出了自己的特色食品，也就是后来令肯德基闻名于世的炸鸡的雏形。由于味道不错，这些独特的炸鸡块很快就受到了欢迎，甚至有越来越多的人来到这里，不为加油，而是为了吃他们家的炸鸡。因为客流量太大，哈兰·山德士不得不在马路对面开了一家山德士餐厅。这个时候，他的年纪已经很大了。

后来哈兰·山德士的炸鸡事业越做越大，但受二战的影响，国内经济萧条，哈兰·山德士再次变得一贫如洗。此时，他的人生经历了平凡——成功——平凡，终点又回到了起点。

虽然生活很残酷，但山德士却没有放弃，他回想起自己曾经当农场工人、保险推销员、粉刷匠的那些日子，目前的一切就都不算辛苦了。如果不去改变，那么他有可能就这么落魄下去。为了改变现状，他开始拿着手中的炸鸡秘方去其他饭店一家家地推销，两年内他推销了一千多次，被拒绝了一千多次。后来，就因为他的坚持，终于有一家饭店肯购买他的炸鸡秘方。从此，山德士的生意越来越好，越做越大，让肯德基在五年后成了风靡美国的炸鸡店。

事业成功后的哈兰·山德士后来接受了一家电视台的采访，在采访中他说自己六十多岁了仍旧不甘于平庸，更不相信创业是年轻人的事，年纪大的人也一样可以。也正因为有这样的人生信条，哈兰·山德士才会在年轻时告别了粉刷匠、保险推销员等工作，也正因为不愿这么碌碌无为下去，才拼命地努力，终于为自己争取来不平凡的人生。

假如甘于99%的平庸，那么99%的可能，我们只能平凡甚至平庸地过一生。每天都淹没在漫无目的琐碎中，从来不去规划自己的未来，不去正视自己的内心，蹉跎了人生。不记得谁说过："平庸是一场灾难，也是人生的悲剧。只是更多的时候，是我们自己为自己导演了这场灾难和悲剧。"是的，生命是一场奇妙的旅行，如果你想看到常人看不到的风景，就要走常人不敢走的路。

有一位成功人士说过："一个人做一件事，只要跨出了第一步，然后再每一步都稳当地走下去，我们会发现我们已经逐渐靠近了自己的目的地。如果我们知道了自己的缺点，并且已经开始改变，那么我们其实就已经走在了成功的路上。"

人生很公平，只有真正把它当回事的人，才能得到幸运的眷顾，也只有敢于放弃那99%的平庸，才能让我们变成那1%的成功幸运儿。

断舍离：别把欲望当理想

要活出简单来不容易，活出复杂来却很简单。很多人的一生，不过是用自己手中拥有的，去换取自己没有的，然后再怀念曾经拥有的过程。过于在乎得失，往往得不偿失。

使我们不快乐的，都是一些芝麻小事
◇

周吉就职于一家很多人羡慕的银行，但他每天都觉得很不愉快。因为工作时必须面对许多顾客，但并不是每一位顾客都能理解他的工作。有时，不管怎么努力，却还是免不了要引来客户的谩骂与投诉。

"会不会处理事情？一个简单的户都销不掉！""前边的人存的是金子吗？都十五分钟了还没轮到下一位！"

每天，周吉都拖着疲惫的身体回家，就像刚从战场上下来一般。由于在工作上的隐忍，周吉的脾气开始变得暴躁，经常将无名火发到家人身上。

周吉觉察到了自己性格的变化，他虽然不喜欢这样的改变，但却不知道如何疏导自己的情绪。他越来越消极怠工，甚至出现了辞职的念头。

周吉的一个朋友是火车站售票员，她也遇到了和周吉一样的烦恼。她按规章制度办事，却常常有许多顾客威胁着要投诉她，甚至把事情弄到网上，引来网友的讨伐。

开始时，她曾想不顾一切地辞职。但是她最终明白，尽管生活纷繁复杂，但那些无聊的干扰，都是从自己的内心开始的。

她劝慰自己，每一份工作都有它的不如意，假如自己一时冲动辞了职，下一份工作就一定能不再遭受委屈吗？

她说，我们的生活就是由许多鸡毛蒜皮的事构成的，但活成什么样子，全凭心态。假如我们将这些不愉快看得太重，那么我们永远也开心不起来。就像印度诗人泰戈尔所说的一样："如果你为失去太阳而哭泣，你也将失去星星。"

如果一个人时常为鸡毛蒜皮的事斤斤计较，只怕心灵之船不堪重负，记忆之舟承载不下，这样痛苦也会随之而来。所以，我们每个人心中都应该有一块橡皮擦，适时地擦掉那些不愉快的记忆。

周吉最终没有选择辞职，而是选择了改变自己的心态，将工作的归工作，生活的归生活，并坦然面对工作中的一切，决不把工作中的负面情绪带到生活中。事情就是这样神奇，心态改变后，周吉前后简直判若两人：一个是无限的痛苦，一个是无尽的快乐。

他感叹说："之前每天都为一些小事而心烦，真是太不理智了。"

相信周吉的经历是生活常态，而不是个案。

对于一个成熟的人来说，生命中有太多事要做，与其花时间纠结于一些微不足道的事，倒不如好好利用现有的时间，来做一些能令自己终将有所成就的事。

人生就像一场长途旅行，不停地走走停停，沿途会看到各种各样的风景，经历许多未知的坎坷和磨难，如果对过程中的每一件小事都念念不忘，就会给自己增加很多额外的负担。还不如一路走一路忘记，让自己永远保持轻装上阵的状态。对于很多经历过坎坷和艰辛的人来说，我们许多人日常所纠结的事情真是太微不足道了。

女星林志玲在央视的一档节目《开讲啦》中讲述了自己的一段亲身经历：

　　她模特出身，工作努力，可网络上却有许多人恶意称她为"花瓶"，说她靠身材搏出位。开始，她会偷偷登陆社交网站看那些不好的评价，把自己刺得生疼，在黑夜里哭泣。有很长一段时间，她拒绝出现在公众面前。她觉得那是她人生中一段黑暗的日子。后来，她遇到了一件令她改变一生的事。她说，在那件事之后，许多从前她放不下的事情都释然了。

　　那是一次坠马事故。这次事故让她断了六根肋骨，医生说只要再往上一厘米，她就不会出现在这里了，那是她第一次如此接近死亡。

　　她停工一年。后来，回忆起那些在病床上连呼吸都困难的日子，她第一次觉得能活着是多么美好。出院复工后，她对待生活的态度都积极了，以前觉得无法接受的那些外界评价，她统统都不在乎了。她认为，老天爷给了她重重一击是为了要考验她够不够坚强，有没有这样的胸襟面对未来的一切。做人应当温柔且有力量，她说与其在意别人的否定，不如更加认真地活着，更加努力地工作。

　　人要活出简单来并不容易，要活出复杂来却很简单。如果不经历生死，林志玲或许没有如今这般超脱，我们许多人有时或许也正因为平常生活得太惬意了，才会遇到一点不顺心的事就无法敞开心怀，最终搞得自己闷闷不乐。

其实想想，生活中哪有这么多不开心的事情呢？有时我们太在意这些小事，往往是得不偿失。

好好生活的诀窍其实只有三个字：断、舍、离。断绝不理智的想法，舍弃那些微不足道的事，离开那些令我们变得糟糕的人与事，告别讨厌的日子，用更智慧的方式生活。

也只有认清当前的一切，正视生命中让我们不开心的那些小事，把心态放正、放平，告别我们心中的"小格局"，不再拘泥于生活中的小事，我们才能更好地生活，也才不会让未来的我们，讨厌现在的不理智的自己。

人活得简单一点才高级

❖

有句话是这样说的：能化繁为简，才是最高境界。

就拿社会的审美流行趋势来说，每一年人们对"时尚"的定义都不同，复杂的花样往往能流行一时，而简单的设计却更能打动人心而被长久追捧。这样的道理用在生活中也一样，过于复杂的思维方式、人生态度可能会给我们带来一时的利益，长此以往却不见得能给我们带来更多好处。

维普网上有一篇文章，里面对"活得简单"这一概念这样评价道："活得简单一些，不是让我们活得过于苍白，不是让我们成为别人刀俎上的鱼肉。简单，是让我们不苛求不该苛求的事，不去奢望生命里一些超过限度的东西。

活得简单是一种理智的生活选择，也是一种豁达的人生态度。人活得简单一些，就能不为名利所扰，不为物质所乱，就能做到心胸豁达、宠辱不惊。人心若太过复杂，就容易有贪念，事事计较，最后形成偏激、自我的性格，为达目的失去了做人应有的准则，为人正直不足、卑劣有余。可能有人会认为这样说有点夸大其词，但真是这样吗？或许在下面的故事中，很多人都能看到自己的影子。

上海，在沈澜心里是一个最不缺有钱人的地方，事实也的确如此。沈澜大学毕业后的第三年，通过自己的努力终于在上海的某电视台谋得了一席之地，相貌出众的她成了一名闪亮新主播。与沈澜在同一主持人小组的还有另外三位女孩，她们都是美貌与才华兼备，每天光鲜亮丽，活得潇洒又体面。

沈澜看着自己身上中规中矩的职业套装，觉得自己真是太寒酸，渐渐有些心里不平衡了。为了面子，她开始拿自己的积蓄购置名牌衣服、包包。为了不被别人看不起，她频繁出席一些饭局，认识一些成功人士。为了能在电视台站稳脚跟，她把许多时间花在工作之外的交际上，每天迎来送往。表面上沈澜好像很风光，可是她却活得越来越累。

因为把心思放在了别处，沈澜对工作也渐渐懈怠了。在她穿着打扮越来越时尚的同时，伴随而来的是其他人对她的质疑，外界开始对她有了很不好的评价。沈澜听到了外头的这些风言风语后，把自己关在房间里哭了。

她不知道自己错在哪了，不就是多用了点心思想过得更好一些，不就是不愿自己活得比别人差而已吗？

追求更美好的生活，是我们的选择，也是我们的权利。但通往我们想要的生活的路有千万条，或许没有绝对的对错，也谈不上成功和失败，而沈澜却选择了一条容易引发争议，而她本人又不能承受的路。如果沈澜不过度与别人攀比，关注别人为什么活得比自己好，而是专注于自己的工作和生活，努力成为更好的自己，相信上天是不会亏待任何一个默默努力的人的，她终有一天会靠自己的实力获得成功，也会找到自己应有的位置。

命运对我们的厚待，从来都是努力的结果。在人生这条路上，没有捷径，最简单的那条路，往往是最拥挤的路。

看到这里，相信很多好奇心强的读者会关心沈澜的结局。别担心，这是个皆大欢喜的结局。

将自己的情绪困在流言里的沈澜，在经历了一段痛苦难熬的日子后，静下心来审视自己之前的生活，她觉得此前的自己，就像莎士比亚说的："愿自己像人家那样，或前程远大，或一表人才，或胜友如云广交谊，想有这人的威权、那人的才华，于自己平素最得意的，倒最不满意。"她决定改变，做好自己该做的事情：认真钻研主持技巧。没过多长时间，幸运就降落在她身上，她得到了很多重大节目的主持机会，得到了领导和观众的好评。后来单位筹备一期新的综艺节目，她有幸被选为主持人。

如今我们拥有的越来越多，生活越过越复杂，这种人生的"丰富"不断地消耗着我们，让我们在欲望的泥潭里越陷越深。

因为欲望，我们原本简单的生活变得复杂，似乎生命的全部意义就在于财富。试问一颗被欲望挤压得千疮百孔的心，怎么能不累、不烦？假如我们没有这些多余的欲望，没有对生活的过分苛求，假如我们能平静待人、理智处事，复杂的生活自然会变得简单，也只有简单的生活，才能让我们不至于每天都活在烦恼缠绕的阴影里。

心胸放宽一些，不去计较一些无须计较的小事；偏执的性格改变一些，不再狭隘地较真；把得失看得淡一些，不该做的事情不去做，恪守自己的人生准则。我们也只有活得简单一些，才能让自己活得更有滋味。

年近六十的舞蹈家杨丽萍一生只有舞蹈，不理世俗。她说，来世上不为柴米油盐，只是为了看树怎么长，水怎么流，鸟怎么叫，花怎么开。这种简单的生活状态也给予了她最丰厚的报答——她的舞蹈刻画入微，媒体评价她在舞台上美到极致，在生活中也活得高贵优雅。简单，是生命留给这个世界最美好的状态。

活得简单些，踏实而务实，不沉溺于幻想，不庸人自扰。就像一位智者说的：世界无界，心宽则容，人活得简单一点才高级。

幻想出来的痛苦一样可以伤人

◈

世上本无事，庸人自扰之。

曾跟朋友讨论，一个人在什么样的情况下最糟糕？她答：自己没事找事的情况最糟糕。很多时候明明没有什么事，而我们却因为想太多，疑神疑鬼，觉得自己受到了伤害，也把身边的人折磨得伤痕累累。

有些人因为多疑猜忌，别人的一个眼神、一句话，都能让他们浮想联翩。这种人明明与他人相处得没有那么恶劣，却很容易在脑海中想象别人与自己针锋相对的样子，长此以往便让自己形成了一种错觉，觉得别人在处处针对自己，自己自然也就处处为难别人，最后人际关系也越来越糟糕，朋友圈只会越来越小。

这个世界有两种人：一种人是因为看见，所以相信；另外一种人，是因为相信，所以看见。

菁菁就属于第二种人，她用她的敏感多疑、冲动、不理智，亲手毁掉了自己的幸福。

菁菁本来在一家外企上班，但因为孩子小没人照顾，不得不放弃了自己喜爱的工作，做了全职妈妈。起初，菁菁总想着孩子大点后能重返职场，可老公总是劝菁菁留在家里，一方面能照顾好家庭，另一方面菁菁也不用那么辛苦工作。

老公总对菁菁说，看着他们单位里那些妈妈们，每天跟男人一样在职场拼杀，晚上还要辅导孩子功课，周末不是加班就是带孩子上辅导班，没几年的时间，都累成了黄脸婆。他可不想让自己的老婆也受这个罪。

菁菁听了，心里暖暖的。她知道，老公这几年工作很拼命，就是为了给她和孩子创造一个好的生活条件。这么多年来，菁菁除了在家带孩子，两家老人有什么小病小痛也都是菁菁一手打理。他们夫妻二人一个主外，一个主内，小家庭可谓和谐美满。

可是，菁菁毕竟是受过教育、有着职场经历的成熟女性，她心里明白，这个小家庭的确需要她的照顾，可是，看着老公职位越升越高，回家的时间越来越少，她的心里总有一丝不安和担忧。

一天晚上，照顾孩子休息后的菁菁与闺密在微信聊天。闺密向菁菁八卦起自己单位里最近发生的"小三事件"，临结束还不忘调侃菁菁驯夫有术。

说者无心，听者有意。原本别人的一个八卦谈资，菁菁却听到了心里，开始胡思乱想起来："老公最近回家都懒懒的，对我的态度是不是太冷淡了？他怎么出差越来越频繁？上次怎么那么晚还有女的给他打电话？如果离婚了，我和孩子怎么办？"

自从那天晚上和闺密聊天以后，菁菁怎么看老公都觉得可疑，那些在影视剧里才有的情节，都在菁菁的生活中真实上演了：打电话查岗、偷查老公手机、莫名其妙地闯到老公办公室……

再后来，菁菁和老公之间只剩下没完没了的吵架和冷战。菁菁的老公一直不明白，自己的老婆怎么突然变得如此不可理喻。时间长了，菁菁老公越来越不愿意回家……

原本一个幸福的小家庭，就这样被菁菁无厘头的猜忌搞得鸡犬不宁。如果菁菁能够分清楚哪些是幻想，哪些是事实，理智地处理好夫妻间的关系，或许事情就不会发展到后来的样子。

　　事物与事物之间是有联系的，我们的心理状态将会直接影响到我们待人处事的态度。我们一旦心态偏激、不理智了，我们的为人处事方式也会相应产生偏颇，会直接给我们的生活与工作带来极其不良的影响。

　　其实我们的生活大多都没有我们想象中那么糟糕，许多痛苦都是在庸人自扰。试想想，那些曾经使我们困扰和焦虑的事情，有多少变成了现实？

　　我们活在这个世上，所需要承受的压力已经很大了，别再幻想出一些莫须有的痛苦来伤害自己。让我们理智一些，相信自己会拥有开心自在的生活。要知道，伤害我们的，往往不是事情本身，而是我们对待事情的态度，幻想出来的痛苦也一样可以伤人。

有时候坚持可能会导致失去更多
◈

人生在世，很多事情恰如购买股票，非亏即盈。很多事情如果结果不是好的，那么便极有可能是坏的。假如万幸，那么就是持平状态，但人生并不是每一次都能那么幸运，有些事情假如我们不及时做出理智的选择，可能就会出现我们不愿见到的结果。

不是每一次的付出都会有结果，也不是每一次的坚持都能看到希望。在现实生活中，很多时候某些坚持反而会令我们得不偿失。假如某一件东西根本不属于我们，那么我们无论再怎么努力都没有用，此时的坚持反而会令我们失去更多、错过更多。

萧杰在大学时曾交过一个女朋友，可能是因为自小成长环境的差异，两人的性格截然不同，而有人说过，所有的感情问题，都是性格问题。这样不同的两个人在相处的过程中，可想而知，必然是矛盾、摩擦不断。

毕业后，他们去两个不同的城市工作，女朋友提出了分手，萧杰总是黏黏糊糊没个态度，就这样两人一直不温不火地维持着。

这样的状态持续了一年后，女朋友坚决提出分手。不愿分手的萧杰抱着一线希望，经常从 A 市奔波到 B 市，不辞辛苦只为和心爱的女孩见一面。刚开始的时候，女孩还能对萧杰好言相劝，可时间一长，当爱变成负担，女孩已不堪重负，开始对萧杰退避三舍，压根儿不愿再与他有任何瓜葛。

萧杰总是给女孩买各种他认为她需要的礼物，尽管女孩从来不会收。每到周末，萧杰就会在女孩家楼下痴等，尽管女孩从来不肯相见。天气一有变化，他便给女孩发短信叮嘱她好好照顾自己，尽管女孩从来不回。

身边的朋友都觉得两个人不会再有复合的希望，都劝萧杰放手。

"假如那个女孩心中有你就不会和你分手，更不会至今都对你为她做的一切无动于衷。她不在乎你的感受，因为她心中根本就没有你，既然她的心不在你这里，那么你再怎么坚持都没有用，不要以为你珍惜，别人就会在意。在感情的世界里，不是你死心塌地，别人就会一心一意。你的这份无谓的坚守，只能让你错失你自己的人生。"

朋友的话还是没有敲醒萧杰，萧杰觉得自己的爱情不能败给距离，冲动的他甚至放弃了升职的机会，主动申请从Ａ城调动至Ｂ城工作。但女孩依旧没有给他任何机会。

这一段在别人眼里注定不会有结果的感情，萧杰纠结了三年。三年后的某一天，在女孩即将要成为别人的新娘的时候，萧杰终于明白，这些年的坚持不过是自己的一厢情愿，给别人添了堵，又作践了自己。回望这几年，也不是没有优秀的女孩子喜欢他，可他的盲目坚持让他失去了很多重新开始的机会。

后来走出这段失败感情的萧杰说，假如当初他明白不是每一种坚持都能得到善果，就不会让自己失去那么多。如今他在新的城市需要从头开始打拼，而那些浪费了的时光再也回不来了。他经常会想，假如当初自己多陪陪父母该多好，假如把当初耗费的精力用来好好打拼事业该多好……

安妮宝贝在《彼岸花》中写道：感情有时候只是一个人的事情。和任何人无关。爱，或者不爱，只能自行了断。伤口是别人给予的耻辱，自己坚持的幻觉。

那些做过的错误选择终将给我们带来应得的后果，我们的人生也注定无法重来。萧杰后悔也别无他法，人生十字路口从来就是一道单选题，我们要为自己的选择承担后果。生活是苦是甜，注定由我们自己来尝。假若不懂得审时度势，有时盲目的坚持只会导致我们失去更多。

当你强行坚持一件根本不可能成功的事情的时候，在这件事情上付出得越多，心态就越容易失衡。理智地放弃，是比不甘心放弃而死扛到底更加聪明的选择。很多时候，并不是所有的坚持都会有回报。如果你万般努力却成功无望，选择放弃，可能会给你带来新的机遇。

生活就是这样，上天不会让我们事事一帆风顺，但我们的命运一直都掌握在自己手里，假如我们能够理智地分析目前所面临的状况，并做出正确的决定，相信我们永不会跌倒在"过于坚持"这道坎上。

懂得坚持是一种理智，因为坚持是让我们获得成功的品质；但有时懂得放弃更是一种理智，因为如果我们所坚持的方向根本走不通，那么放弃就会让我们避免更大的损失。人生最大的遗憾，莫过于错误的坚持和轻易放弃那些应该坚持的东西。

没有万无一失的人生

我们在成长的路上，经常遇到一个难题，就是如何看待得失。得与失从一开始就是伴随在一起的。有得就有失，这句话一直流传至今，古语有"失之东隅，收之桑榆"，外国箴言则有美国作家海明威说过的"只要不计较得失，人生还有什么无法克服"。可见，人生本就是不断得与失的过程，而我们也需要在自己的人生中学会选择得与失，学会面对大大小小的得与失。

夏梦雅最近一直在纠结要不要辞职。

她在一家南方报社做记者，这是一份让很多人都羡慕的工作，稳定轻松，福利又好，可她心中偏偏有一个开书店的梦想。夏梦雅一方面纠结于现实生活需求，另一方面又无法割舍自己心中的文艺情怀，生怕年纪再大一些，就更没机会去实现梦想了。

为了要不要辞职这事，她已经辗转难眠好几夜了，始终无法做出决定。夏梦雅打开微信，向一位较为年长的姐姐烟雨咨询。烟雨听了夏梦雅的心事，给她讲了一个自己闺密的故事。

烟雨的闺密也曾经历过一段需要选择、分析得失的日子。烟雨的闺密自小便喜欢大海，一直梦想着能在海边城市生活，大学毕业后便毫不犹豫地选择了孤身一人去一个海滨城市工作。可她那时只是刚毕业的小丫头，没经验，也没人脉，要在一个陌生的城市里站稳脚跟谈何容易。

在工作方面，因为刚毕业没经验，她只能在一家小规模的私营口腔诊所当医生，辛苦不说，收入也十分微薄，常常需要家里支援。工作之余，周围充斥着的都是听不懂的南方话，这让原本就少了家人陪伴的她倍感孤单。

失落的她有次在与父亲通话中提到了因为目前的境况想辞职。她的父亲是这样劝她的："人生必有得失，你若想日后能有所得，就必须先学会接受有所失。医生这个行业，没有资历便很难有成就，但换个角度想想，只要你愿意多历练几年，不在乎眼前得失，以后一切都会慢慢好起来的。"

烟雨说后来她的闺密果然如她的父亲所说的那般，经过了多年磨砺，渐渐在当地口腔诊治领域小有名气，后来还开设了自己的口腔诊所，再也不是从前那个哭着向家里要钱的穷姑娘了。

听了烟雨闺密的故事，夏梦雅开始认真梳理自己的处境。她若是选择了辞职，可能会失去暂时的利益；可若是自己创业，就凭她之前在传统纸媒工作的经验与目前手上的资源积累，也不一定过得比现在差。更何况，一边是已经厌倦了的生活，而另一边却是自己一生的梦想。

世上的万事万物本来就难以预料，我们当前所经历的一切也无法究其得失，有时得就是失，而失也有可能是得。福祸相依，我们又怎能知道当前所经历的一切是失还是得？

其实很多人的一生，不过是用自己手中拥有的，去换取自己没有的，然后再怀念曾经拥有的过程。过于在乎得失，往往得不偿失。

人生中的得与失，是一对永远的矛盾，我们失去了一些东西，在别的地方一定会得到另一些东西，因为上帝如果关闭了一扇门，就会为你打开一扇窗。我们在选择的时候，不过是追求自己喜欢的，拒绝自己不喜欢的。

夏梦雅想明白了这些道理，果断辞了职，全身心地筹建起了她梦想的书店。也许在未来的路上，不是一帆风顺的，也许会有意想不到的困难，但你要想得到别人不能得到的，你就必须失去别人不愿失去的。什么都想要，结果只能是什么也得不到。

人常说一个人成长了，长大成熟了，其实也就是他们明白了人生得失的真谛。我们也正因为懂得了人只要活着，就会有得有失，所以在未来的日子里，我们才不会因失去什么而崩溃，更不会因为得到了什么而过于欣喜若狂，以至于目中无人、狂妄自大。

只有看淡得失，我们才能更好地选择。若想做什么就勇敢地去做吧，活在世上与其一味担心会失败，倒不如豁达一点、理性一些，说不定得失的命运之匙反而掌握在自己手中。

放过他人，才能治愈自己

◈

治愈心理学里有一个关于宽恕的概念，大意如此：假如把仇恨、愤怒等负面情绪形容为心理枷锁，那么宽恕与原谅几乎等同于解开枷锁的钥匙。面对可以原谅的事，尽可能地站在他人的角度去理解他人的行为，我们会发现原谅并没有那么难。而有时原谅他人其实也是解放自己的负面情绪，原谅他人便等于放过了自己。否则，我们将会一直沉溺在负面情绪之中，无形中增添了自己的心理压力，造成心理状态不佳的状况。

之前某偏僻山区发生过一个案子，村民大龙在十里八乡骄横惯了，总是欺负老实农户大海，要么让大海给他买烟抽、买酒喝，要么就让大海给他"零花钱"。大海起初忍气吞声，一直希望息事宁人，但大龙却越发飞扬跋扈。两个人矛盾的爆发点是有一次大龙喝醉了闯到大海家，竟然当着大海的面对大海的女儿动手动脚。

当时年仅十四岁的女孩躲在父亲背后一直哭，而大龙凶狠地步步逼近。一直忍气吞声的大海终于忍无可忍，拿起锄头打伤了大龙，从此两家结下仇怨。大龙回去后集结了一帮人，天天对大海家进行打砸，大海觉得大龙欺人太甚，为求自家安宁，终于做出了一件疯狂的事情——杀了大龙。

法律是无情的，大海被判死刑，两家人都家破人亡。十多年后，大海的儿子毕业回乡担任了村里的村干部。善良但偏执的他一直没有忘记两家的仇恨，他觉得当年如果不是大龙欺人太甚，老实巴交的父亲绝不会做出疯狂的事情，最终落得惨死的下场。

他对大龙一家进行刁难，但每一次刁难之后，他的内心丝毫没有得到解脱，换来的是更多的痛苦挣扎。一方面，父亲被带走时那悲凉的背影总是浮现在他眼前，让他迁怒于大龙一家；另一方面，他明白所有的过错都是大龙一人所为，和他的家人并没有关系，他的刁难行为对大龙的家人是不公平的。

大龙的妻子在大龙死后安分守己，一个人含辛茹苦地带着几个孩子生活。

有一次大海的儿子到村里解决其他农户的生产问题，看到大龙的妻子正在捡掉在地上的糠谷粒，一粒一粒收到怀中，明明是别人不要的东西，她却舍不得漏掉一粒。他的内心顿时一阵翻江倒海，他仿佛看着自己在一点点被仇恨吞噬，良知与仇恨在心内斗争，他很矛盾、很痛苦。后来在村里引进扶贫项目的时候，他分配了一些新兴产业的项目给大龙家，一视同仁帮助全村人致富。

后来，在大海儿子的带领下，全村都改头换面富裕起来，大龙一家也过上了衣食无忧的好日子。村里的乡亲们都夸大海的儿子不但有本事，而且为人正直、心胸坦荡，都很拥护他。

每个人改变命运的机会其实就在自己手里，有时我们放过别人其实也是治愈了自己。不要被仇恨蒙蔽双眼，不要被不理智绑架情感。要知道原谅他人，便是给自己留一条生路。这世上并不是只有恶有恶报，善也会有善报，假如我们一直以诚意对待这个世界，又怎会不被他人所善待？

仇恨与愤怒的情绪常常会令我们失去理智，那些"气不过"的情绪也会让我们变成自己讨厌的样子。心的容量有限，如果心里装满了各种不快，哪里还有空间容纳快乐，又怎么能过好自己的生活？

莎士比亚曾经说过："宽容就像天上的细雨滋润着大地。它赐福于宽容的人，也赐福于被宽容的人。"

如果我们将心胸放宽一些，格局放大一些，就不会去计较一些小事，也不会将精力浪费在小地方。这样，我们就会变成一个豁达而受人敬重的人，被人喜欢了，机遇便来了，我们也会生活在一个和善的世界中，与我们接触的人也会被感染，越来越多的人会变得更好。

理智一些会显得我们情商更高。假如原谅他人是一件会给自己带来好处的事情，我们为何不做？与其与别人寸土必争，还不如退让三尺，既然仇恨与愤怒会让自己心情不佳，那我们为何不尝试着克制自己的不良情绪呢？

原谅别人是一种豁达，释怀也是一种人生智慧。原谅他人才能治愈自己，不以他人的错误惩罚自己，这才是聪明人的处世智慧。

成功的世界，就是没有抱怨的世界

◇

　　我们每个人活在这个世界上，对自己的人生都会有很多想法，对成功也会有着各种各样的定义。想要通过努力获得成功，想要享受成功所带来的一切，包括内心的满足、物质的满足，这都是一种欲望。

　　许多人通过自己的努力达成了自己目标，很多人却在朝自己的目标努力的过程中遭受到了挫折，暂时无法取得成功。一旦出现这种情况，人们难免会产生不良的情绪，例如不甘、愤怒、丧气、伤心等，最常见的表现就是抱怨。

　　可是抱怨不会改变我们现在受挫的现状，只会让我们为失败找到借口，归罪于他人或其他因素，丧失客观正确的认识，陷入一种不理智的状态中。抱怨越多，越会让我们的内心更不甘、更气馁、更低落。这些糟糕的情绪会直接影响到我们的生活与工作。或许一个原本斗志满满的人，很快就会因为心里这种负面的情绪而变得消极。原本一个团队很有战斗力，遇到了一点小麻烦，如果团队里有些人喜欢抱怨，就很容易使整个团队的士气被削弱，变得死气沉沉。

隆平原本是一家国企汽修厂的汽车维修工，因为技术过硬，被聘任入职了一家国内知名汽车生产企业。隆平认为自己技术好，是被"挖"过来的，理应在各方面给予优待，但在这家企业里，像隆平这样的技术尖子并不少，所以企业对隆平的重视程度并未达到隆平的期待值，如此一来隆平心里便有些不舒服了。

起初隆平只是向家里人抱怨，后来竟然在车间公开抱怨自己倒霉，总是干脏活、干累活，最后甚至经常怠工、旷工。两年后，和隆平同一车间的工友，有些人已经当上了主管，有些人获得驻外进修的机会，可隆平却还是老样子，

后来从日本进修回来的工友与他喝酒，对他说："你啊，就是太爱抱怨了，听得耳朵都生茧了。你总是说三道四，传到领导耳朵里，领导肯定觉得你这人爱斤斤计较、搬弄是非，不能以大局为重，有什么机会也不会想到你。同事们听多了也难免觉得你负面情绪太多，慢慢都疏远你。有能力的人都忙着工作，哪有时间抱怨，你浪费那么多时间抱怨，还不如干活。你看，活干得漂亮了，该你得的自然迟早是你得。不该是你的，你抱怨也没有用。"

　　隆平也明白这些道理，但是都不如此刻从同事的口中说出来那么让他感受深刻。满腹牢骚的他终于明白自己错过了什么，终日的抱怨不仅没有让自己走出困境，还让自己白白失去了许多机遇。

　　要知道，抱怨不是解决困难的助力，而是一种阻力。我们一旦习惯抱怨，把解决困难的希望都寄托在抱怨上，那么我们的生活只会变得更糟糕。当遇到一件事情无法推进下去的情况，我们与其抱怨事情为何会发展成这样，倒不如想着如何去解决问题。

　　每个人都想获得成功，但获得成功的方法有很多种，我们可以铆足了劲努力，也可以步步为营去奋斗。在这个过程中，一定有许多困难，有很多与自己的预想和期望不相符的情况，但一定要记住，不管怎样都不要抱怨，更不要奢望抱怨能解决任何问题。

　　抱怨除了让我们的情绪变得更糟糕以外，没有任何用处。真正的智慧在于如何做好眼前的事，当遇到不如意的事情时，千万不要在懈怠中蹉跎自己的大好时光，而要想尽办法朝自己想要达成的目标努力。

　　通往成功的道路本来就很拥挤，即使那些看上去轻而易举的成功背后，也有着许多不为人知的艰辛。你一旦选择，就必然经历风雨。而我们，是以积极向上的心态去面对，还是以消极抱怨的状态去面对，将决定事情的最终走向。就像葡萄牙作家费尔南多·佩索阿形容的那般："真正的美景是由我们自己创造的，我们才是它们的上帝。我没有见过世界七大洲的任何风景，也没有兴趣，因为我正游历着自己的第八大洲，那才是我的完美世界。"

我们才是自己人生的主宰，我们这一生能否成功全仰仗自己。从今天开始，树立正确的信念，做一个不抱怨的人，因为与其抱怨，不如改变自我。

成功的世界，就是没有抱怨的世界。因为抱怨不能改变任何事情，而你只要努力了就会有回报。想要拥有什么，不能等不能靠，不能怨天尤人，只能自己去挣。

阿里巴巴集团的首席执行官马云也说过，永不抱怨的人生态度才是第一位的。告别抱怨吧，从今天起，让我们做一个乐观向上的人。

在年轻的时候多输几次，不是坏事

❖

生活有时就像一条抛物线，跌到了最底端时，便转而会以最昂扬的姿态前进，那些最难以忍受的苦难，最终会成为上天赐予我们的最大财富。

从小到大，我们每个人都经历过无数次比拼。在这一场场比赛中，我们品尝过胜利的喜悦，也体验过失败的痛苦。人生路上，有时候恰恰是因为输过，才获得了成功的转折。

辉读大学的时候挺平凡的，大四时他与女朋友相约去考研究生。经历了漫长而紧张的复习后，在开考前他有些担忧地问女朋友："我不考了行吗？我感觉自己考不上，你考就行了。"

女朋友盯着临阵退缩的他，一言不发。他看着女朋友这个样子，有些心虚，于是还是坚持参加了考试。走出考场的时候，女朋友抽出了让他牵着的手，说："辉，我们分手吧。"

辉当时盯着女朋友，想努力看懂她脸上的表情，但直到女朋友转身离开，他都没能明白发生了什么。女朋友后来给他发了一条短信："你真没用，我和你在一起，我们俩都不会有好的未来。"这句话犹如晴天霹雳，后来无论他怎么努力挽回都没用，对方是铁了心要分手。

辉从此发了疯一样读书，一年后，辉考上了硕博连读。

又过了几年，辉进了一家跨国公司实习，并且获得了到英国伦敦大学继续深造的机会。这时辉的身上已经再也看不到当年颓废的影子。送别的那一天，他端起酒杯，说敬大家一杯，同宿舍的兄弟借着酒意问他："这些年你最恨谁又最感谢谁？"

辉声音有点嘶哑，有点含混："最恨她，也最感谢她。"

如果没有她决绝地离开，他不会如此痛，甚至痛到清醒。他说，这么多年过去了，他时常在梦里想起她的话。当年的他连考研究生的勇气和自信都没有，是那么害怕面对失败的结果，可是有些事如果不去做，又怎么知道会不会成功？因为怕输所以干脆不去尝试，这样的人以后怎么能给她好的生活？

不是每一次失败都会将致我们置之死地，倘若我们能够好好地从失败给我们带来的教训中汲取经验，不把它当作毁掉我们的利剑，而是将它们作为我们成长的养分，那么我们就不会愧对每一次的输。

不要放任自己沉沦于某一次失败，而要理智地去分析自己究竟为什么会输，然后再力争改变，努力完善自己，相信我们就不会一错再错。

在这世上，能令人变得强大的并非只有成功，还有失败。只要我们能够以正确的心态对待失败，不在失败时乱了心绪、丧失了理智，那么一切就还有重来的机会。

德威特·华莱士被誉为从失败与挫折中走出来的成功企业家。他是一位图书商人，青年时期受雇于圣保罗韦伯出版公司，在这家公司他负责做相关文字工作。那时这家公司有一本以农民为主要受众的杂志——《农民》。某天德威特·华莱士心血来潮向杂志部提出了一些荒唐的建议，例如农民根本没时间看报纸等，图书公司因此解雇了他。

被解雇后的德威特·华莱士经历了一段时间很长的低谷期，后来他在一个牧场的木棚中想到了一个点子：做一本没有广告、没有插图，内容全是其他杂志最精华的文摘的小册子。这一次他不再像之前那么鲁莽，深思熟虑后开始找投资人。在他持之以恒的努力下，这本名为《读者文摘》的杂志终于面世。

正因为经历过挫折，德威特·华莱士不再轻言放弃。第一年《读者文摘》订阅量不足，根本无法盈利，但到第二年秋季，《读者文摘》的发行量飙升到两万册以上。后来，在十九世纪中期的时候，他的杂志出现了超过一百万美元的亏损，如此巨大的困难也没有打倒德威特·华莱士。《读者文摘》在历经五十年的风雨之后，终于摆脱了困境，成了当之无愧的世界期刊之王。德威特·华莱士也因此成了这个时代的风云人物。

只有经历风雨，才能见到彩虹。输并不可怕，因为只有经历过输，我们才拥有了更丰富的人生体验，也就拥有了更多赢的可能性。正因为输过，才能学会如何爱别人，如何爱自己，如何生活，如何工作，这大概就是年轻时多输几次的最大意义吧。

一个从未失败的人虽然更有勇往直前的勇气，但往往也会少了看透全局的前瞻性。就像辉一样，倘若没有经历过之前的挫败，也就不会有后来的蜕变。而德威特·华莱士假若没有输过，又怎能有后来的万事深思熟虑，直至步步为营，登上人生巅峰。

惊艳别人的不是成功，而是你向上的姿态
◈

　　前阵子国内某个媒体发布了一篇"鸡汤文"，文章的主角是凤姐。

　　那篇"鸡汤文"中这样写道：她在十八岁时为自己的人生确立了第一个职业规划；二十岁时实习；二十一岁进入了一家学校教书，她利用教书两年的时间攒下了一笔钱，然后利用这笔钱去了上海，为了在上海立足她发过一万多份求职简历；二十四岁的时候她通过炒作让自己出了名。

　　谁都以为她那些炒作只会让她昙花一现，作为人们茶余饭后的谈资很快就会被遗忘。可她却做出了一个让所有人惊讶的决定——用炒作挣来的钱出国。在美国，她开始了新的生活，她在地铁上看报纸，她用工作的时间努力学习英语，她在修脚店工作，还参加了美国中文电视台的应聘并通过了初试。

　　再后来，她与凤凰新闻客户端签约，成了其主笔。在所有人都在等着看她笑话的时候，她却用努力狠狠地打了嘲笑者一个耳光。

我们不可否认，她虽然活得不够富裕，或许也不够体面，但她一直在努力地靠自己的双手生活。

很多时候，一个人惊艳别人的不是他的成功，而是他向上的姿态。

有些人让我们敬佩、让我们惊艳，从来都不是因为他们的成功，更多的是因为他们面对困难不曾放弃、不曾屈服于现实的顽强，让我们感动的是他们不畏挫折、苦心经营生活的勇气和心态。

2015年《感动中国》十大人物之一的陶艳波，作为一位聋哑儿童的母亲，她凭借非凡的坚韧及创造的奇迹带给了人们深深的震撼。

陶艳波的儿子杨乃彬在一岁的时候，因为一次发烧导致耳膜出血，最终使他失去了听说能力。这对一个母亲的打击是不言而喻的。为了给孩子治病，她跑遍了全国各大知名医院，但医生的结论始终都是让她失望的。

但是陶艳波没有放弃，她专门从老家黑龙江到北京去学习唇语，然后一点点地教儿子说话、识字。如今，虽然杨乃斌说话的声音还稍显含混，语调偏硬，但完全能与人正常交流。陶艳波获奖后，许多人问她，怎样才能让一个听不到声音的孩子全凭看人口型学会说话？这在常人看来简直无法想象。陶艳波边回忆边演示："我事先准备一些小卡片，把要教孩子说的话分别写在我的手上和卡片上，然后让我们俩的口唇保持在同一个高度，然后把他的一只小手放在我的脖子下面，让他感受我说话的时候声带是如何震动的，再让他看着我的口唇是怎样发音的……"

就这样，坚持了一个月、两个月……当时孩子年纪很小，根本不得要领，被封闭在无声的世界里，动不动就烦躁得哇哇大哭，甚至用小手打妈妈、推妈妈，陶艳波却只能默默地流泪。几年下来，每天的希望总要变成失望，可陶艳波没有放弃。

在乃彬四岁那年，奇迹终于出现了。那是乃彬过生日的那天。看着生日蛋糕旁黄灿灿的香蕉，乃彬伸手想摸摸，却怎么也够不到。一瞬间，乃彬突然鬼使神差地回过头，望着妈妈喊了一声"妈妈——"为这一声呼唤，苦苦等待了三年的陶艳波一下子愣住了。回过神后，她大声叫着在厨房忙碌的爸爸："孩子他爸，你快来听啊，我们的孩子会喊'妈妈'了！"

陶艳波说，那是她一生中最幸福的一天。

让儿子开口说话的梦想终于实现了，陶艳波的第二个梦想就是不希望儿子一辈子被禁锢在只有聋哑人的圈子里，她要把儿子送进一所普通学校读书，而她却成了普通学校里那个最不普通的家长。

从小学到高中，因为听力问题，乃彬的位置总在第一排靠近两面墙壁的两张桌子中倒换，作为同桌的妈妈，永远是靠墙坐的那个。

如今，杨乃彬已经考上了大学，成了河北工业大学机电专业的学生。回忆起这些往事，陶艳波显得很平静、很自然，闻者却无不为她的努力坚持唏嘘感慨。用财富标准来看，陶艳波的一生可能并算不上成功，但她坚定向上的姿态感动了无数人，温暖了十几亿中国人的心。

就像歌德说的："对于人生来说最重要的事情是要有一个远大的目标，并不惜一切才能与坚毅来达成它。"有些人活得精彩并不是因为他们比别人拥有更好的运气，而是因为他们没有被苦难蒙蔽眼睛，他们更懂得自己想要什么，与其说他们实现了人生华丽的逆袭，倒不如说他们一直理性地坚持和努力着。

成功从来不会一蹴而就，只要我们能保持良好的心态，坚定自己的信念，相信眼前的苦难终会烟消云散，而等待我们的则是更好的明天。

界限感：
让别人的事归别人，让自己的事归自己

世界上只有三件事：自己的事、别人的事和老天的事。所谓成熟，就是知道再好的朋友，也经不起过分的直白。每个人都有自己的底线，千万不要做越界的事情。

活着不是为了取悦谁
◆

前几日与一位朋友小聚，刀叉碰撞间她显得有些无精打采，问及为何这样，她有些难过地说："不久前，有一位好友自杀了，因为承受不了人们的流言蜚语。"

自杀的女孩我也认识，那是一个不善言辞、性格温和的女孩。因为与同单位一个渣男交往，她的恋情一直被周围的人津津乐道。即便事情已过去许久，但人们只要看到她、提到她，那段往事总是会被大家再温习一遍，有同情，有唏嘘，也少不了对她当年愚蠢做法的鄙视。

看得出，女孩想努力地回到从前。她刻意与圈外人频繁相亲，希望能走出这段阴影，更希望人们能忘掉她的这段往事。可事与愿违，她一反常态的表现，更是成了大家茶余饭后的谈资。

也许是上天捉弄，也许是她太心急，就像进入死循环一般，她的每一段快速开始的新恋情无一例外地草草收场，人们就更有兴致说三道四了。终于，有天晚上，她从宿舍楼顶跳了下去。

好友把刀叉放下，看着我："你觉得别人的话真的就那么重要吗？我们活着就是为了取悦别人，让别人说我们好吗？为什么我们要活在别人的世界里？"

好友的话令我想起了一部电影——《西西里的美丽传说》。这部电影被誉为是二战时期的经典，影片里讲述了一位美丽动人的女子因为她的美丽而遭受了无数流言蜚语，最后导致自己的人生发生惨痛巨变的故事。

在影片中女主角玛莲娜原本生活得很自在，但因为小镇上的男人觊觎她的美丽，而女人妒恨她的动人，于是得不到她的男人写联名信侮辱她生活作风不正，而女人也因此谩骂她、殴打她。名声坏掉的玛莲娜没有人愿意卖给她东西，没有人愿意帮助她，她只能偷偷地找别人买东西。为了活下去她成了娼妓，以身体作为条件交换食物。

后来，对一切忍无可忍的玛莲娜终于逃离了这个对她有敌意的地方，逃离了这样的生活。很多年后再回到小镇的玛莲娜已经不再动人，不再美丽。她变得很胖，变得很老，眼角有了皱纹。当初那些谩骂她的妇女们终于愿意与她打招呼了，并且高兴地窃窃私语："她不再漂亮了！"

这部影片在反映二战时期底层人们生活的同时，也刻画出了人性的丑陋。在阅读这部电影的多篇影评时，我不禁深思，假如玛莲娜不对这些流言蜚语妥协，在最开始受到污蔑的时候便决然离开，去另一处生活，是否一切会变得不一样？她是否能保留自己的自尊，是否能坚持以自己的本心生活，而不是屈服于这些丑陋的人性之下？

生活是条单行线，选择了一个方向，就看不到另一条路的风光。尽管我们不能假设，如果当初怎么样，现在也许就不一样。但无论如何，我们至少可以把握现在。不要因为别人的看法而忧心忡忡、患得患失，我们不妨理智一些，清醒一些，选定方向，一路前行，既不要活在别人的目光里，也不要活在别人的议论里，紧紧抓住自己的命运，做最好的自己。

美剧《生活大爆炸》里 Leonard 在母校的毕业演讲里讲过一段话，他说这段话要献给那些没有存在感的孩子们："或许你们在学校格格不入，或许你们是学校里最矮小的、最胖的或者最怪的孩子，或许你们没有朋友，其实这根本无所谓。那些你们一个人度过的时间，比如组装电脑或者练习大提琴，终有一天会让你变得更有收获，等到他人终于注意到你时，你已经比他们强大太多。"

有时候，即便我们削足适履地迎合别人，也不见得会讨人喜欢。与其绞尽脑汁地讨别人欢心，不如把这些时间用来奋斗，努力地做正确的事情。

我们活在这个世上，看过太多冷漠的眼神，听过太多不屑的嘲讽，我们必须明白在这些闲言碎语背后，往往隐藏着一颗不怀好意的心。有时一些令人气恼的诋毁、让人愤怒的谣言，会让我们变得崩溃，变得不知所措。这个时候，我们更应该保持清醒和理智，只有这样我们才能保全自己不受伤害，不至于迷失在带着毒气的迷雾森林里。

活在这个世界上，我们无法让所有人都喜欢自己。不要因为他人的言语停下我们变得更好的脚步，要用铁一样的步伐，坚定地从这些嘈杂的声音上碾压过去；不要为了让别人认可我们而努力，而要为了让自己变得更强大而努力。

我们改正缺点是为了迎来更好的自己，而不是因为别人的闲言碎语。如果我们一直在意别人的看法，那我们只会迷失自己。

为自己而活，这才是最恒久的道理。

不要在别人的世界里过自己的人生

◈

比学会听从别人的建议更重要的是，弄清楚自己的本心。

严是我见过的最有主见的女生。她来自一个小山村，在亲戚的资助下上了大学。因为家里条件不好，她每天都要在课后的空余时间出去打工，有时从下午放学一直要工作到晚上十二点。

那时候严因为每天大多数时间都用来打工，她的学习成绩也只能用中等来形容。每月赚来的钱除了用作她自己的生活费和学费外，其余的全部寄回家里补贴家用。

因为她经常打工到很晚，于是有些不明真相的同学便对她指指点点，说她在夜店上班，当陪酒小姐。严听到这种说法之后，从不争辩，只是默默地独来独往。后来有一次她的母亲到学校来看她，恰好听到了同宿舍的同学们在议论她，身体不好的母亲当场就犯了病。

严送走妈妈后，她依旧打工却更加拼命地读书。

很久以后，我问严："和周围的人比起来，你有没有觉得人生不公平？"

她回答我："只有弱者才会要求公平。我一个从乡下出来的丫头，不靠任何人能奋斗到今天，过上了我当年根本不敢奢望的生活，这已经是上天对我的眷顾，还有什么不公平的？"

"之前勤工俭学被误解过，被流言蜚语中伤过，难道你就不难过吗？没有想过放弃吗？"

严只是淡淡地笑了笑，反问我："难道就因为别人误解过我们，伤害了我们，我们就要放弃自己的选择吗？这是我们不能过好自己生活的理由吗？看法是别人的，可生活是我们的，我们为什么要在别人的世界里过自己的人生呢？"

是啊，我们为什么要在别人的世界里过自己的人生？

最高贵的人生是活出自己想要的样子，最廉价的人生是活成别人口中的样子。我们很多人太在乎别人的看法、别人的眼光，往往会作茧自缚。甚至有些看似善意的建议，不仅没能够带领我们去往更好的地方，反而还会让我们迷失自己。

　　我曾见过一位阿姨，在退休后毅然报名参加钢琴学习班。起初，和阿姨同龄的人对她这种"荒唐"做法都很诧异，甚至有人笑她："这么一把年纪，还搞这种情调，真是人老心不老。"

　　家人们也纷纷劝阿姨："你这么大年纪了，现在开始学钢琴不容易，选点简单的吧，有点事干就行了。"

　　可是阿姨坚持自己的选择，她说："我今年五十五岁，再不济也能活十年，运气好的话我还能活二三十年，为什么不学呢？上了年纪学得慢，大不了我就多学几年，别人爱说啥说啥去。到时候我能弹自己喜欢的曲子，我自己高兴，为什么不学呢。"

　　阿姨用了几年的时间，真的学会了弹钢琴。在今年重阳节老干部活动时，阿姨还现场弹奏了一曲。当年在背后议论纷纷的人，都对阿姨竖起了大拇指。

　　只要是一件正确的事情，不管别人怎么说，我们都不必因为他人的喜恶而动摇自己的初心。我们总对别人的看法和议论耿耿于怀，反而更加过不好自己的人生。按照我们的想法去做，即便遇到困难又如何？最重要的是我们要知道自己要什么，到底想过什么样的生活。

　　我们的内心是否富足、是否坚强，取决于我们对待生活的态度。别人怎么说是别人的事，最重要的是我们是否能过好自己的生活。

很多事情与其将来后悔不如现在去勇敢尝试。如果我们想创业，那就去创业吧，或许你真的会闯出一片天地。如果我们想留学，那就努力学习外语，去参加考试，不必畏首畏尾。如果你是一个女孩，想追一个男孩，也无须在乎别人的看法，只要那个男孩子你真的喜欢。

我们应当学会听从别人的建议，但人活着更重要的是弄清楚自己的本心。我们必须面对真实的自己，因为究其根本，我们才是自己人生的真正主导者。

放宽心，放空自己的脑袋，暂且把外界的看法以及那些杂七杂八的声音屏蔽，先好好地倾听自己内心的声音，问问自己到底想要的是什么？

活在世上，我们会听到许多声音，有善意的也有恶意的，有好的也有坏的，如何择其精华，弃其糟粕，是我们所需要学习的课题。不要让别人来影响我们的人生，我们的人生要由自己去决定。

无论如何，请记住：你的幸福在你手上，与他人无关。

很多人闯进你的生活，只是为了给你上一课

一种米养百样人。不同的人来到我们的生活中，会给我们带来很多不一样的感受。

有些人走进我们的生命中，给我们带来了更璀璨的人生及更美好的生活；还有一些人，他们在我们的生活中兴风作浪，只是为了给我们上一节课，让我们深刻地领悟对错，让我们明白该怎么做人、怎么做事。

中国有句古话，叫作"林子大了，什么鸟都有"。有时候一些本不该承担的痛苦，恰恰是因为我们识人不清，轻易相信别人，没把握住自己的立场，做了一些不该做的事情。2008年，娱乐圈内爆出了一条丑闻：台湾某已婚女演员与某位男艺人在街头牵手。事件爆出后，已婚的女演员一时成了众矢之的，先是闹出婚变，然后痛失600万的代言费，原本戏约不断的她后来甚至无戏可拍，事业一

落千丈。

在事情被媒体曝光后，男方只顾着自己如何摆脱窘境，态度冷酷，甚至对媒体解释"是女方主动牵的手"。此后，男方为表示划清界限，主动搬离两个人在北京的住所，力争撇开与这件事情的关系。

因为男方把所有的责任都推到了女方身上，这位已婚女明星被媒体口诛笔伐，事业一度跌到谷底。

这件事让这位女明星非常心寒，事后她在接受媒体采访时，伤心地说她算是"看透这个人了"，并表示与他从今以后老死不相往来。

这是一个令人叹息的故事。

有些人闯进我们的生活，好像就是为了给我们上一堂刻骨铭心的课，然后转身离开，把伤痛、悔恨留在我们的生命中。但任何事都有两面性，不管我们如何心不甘情不愿，我们不得不承认，也正是因为有了这样的一些人，让我们在被伤害中学会了保护自己，不会再那么毫不设防，在被欺骗后学会了成长，不会再这样轻易为人所伤。

　　洛洛在感情方面总是拖泥带水，自两年前与前男友分手后她就没真正走出来过。两年里她曾无数次偷偷去看前男友的主页，关注着前男友的动向。她是个管不住自己心的人，而前男友恰好也是个管不住自己的"渣男"，两个人明明不在一起了，两年后却又因不甘寂寞而找上了她。

　　前男友先是解释自己当初与她分手的原因，再打出一张深情的牌，告诉洛洛这两年他一直在想着她，从没真正放下过。虽然洛洛在心里对那段感情本就不舍，但洛洛想到分手时他的毅然、绝情，还能保持一份理智，可后来甜言蜜语听多了，就忘记了两年前他是如何劈腿甩了她，两个人又重新走到了一起。

　　没过多久，洛洛发现自己有了身孕。这时，前男友却忽然像变了个人似的，对洛洛说："我们家人是不会同意我们在一起的，我们也不可能有什么未来。"洛洛如梦初醒，原来只是自己对旧情念念不忘罢了，自己只是他的备胎。洛洛伤心欲绝，苦苦哀求，而他丢下一句"把孩子处理掉"就再也没有出现过。

　　后来洛洛在自己的微博中写道："都怪自己当初太单纯、太幼稚。这伤痛，深深地嵌进了我的生命里，但我要像别人说的那样，'感恩伤害我的人，因为他磨炼了我的心志；感恩欺骗我的人，因为他增进了我的智慧；感恩遗弃我的人，因为他教会了我该独立'。"

　　洛洛经此磨难，付出了惨痛的代价，好在她没有放任自己的情绪，沉溺于痛苦之中，而是勇敢地面对生活。从此，她在处理感情的事情的时候，多了些理性，既没有盲目地否定自己，觉得自己不值得被爱，也没有在对别人的恨中消耗自己，更重要的是，她并没有因为这一次感情的伤痛，就从此不再谈感情，而是迅速走出伤痛，重新开始，并相信仍然会遇到美好的感情。

一年多后，她遇到了一个懂她、珍惜她的人，开始了新的生活。

如果你用理智驾驭情感，所有的亏都不会白吃，所有的经历都能变成财富。我们也无须将每一个离去的过客都铭记于心，谁伤害过你，谁击溃过你，都无关紧要。你要的美好，别人未必给得了，一切都要靠自己。

少问别人为什么，多问自己凭什么

曾经有一位"90后"的"富二代"在网上发了个抱怨帖，在帖子中，他讲述了最近与他资助的贫困生之间的一些不愉快的经历。

帖子的大意是这样的："我曾经资助过不少人上学，因为我认为对于很多人来说，读书是能够改变他们命运的唯一方式。我资助的一位学生，他近几天在选学校，他一直用短信和微信发消息给我，征求我的意见。但恰好我这两天有一项紧急工作要处理，所以没能及时回复。当我稍有空闲，立即抽出时间回复了他，对方却说：'我原本以为你是真心帮我，结果你也只不过是随口说说，微信互删吧……'就这样，他把我拉黑了。"

令人哭笑不得的是，这位贫困生此前已经收到了他近万元的资助，拉黑他使用的手机正是他不久前赠送的。这位资助人后来在微博中感慨："真是世风日下，人心不古。"

他对此事进行了反思，接着发了一条微博表示："刚才很生气，但是现在稍微冷静了些。回想起来，自己也做过类似的事情。自己的需求别人没有及时满足，或者别人答应的事情却突然做不到了，我也会特别愤怒地去指责别人，现在想想当时自己也太过分了。只要别人是真心想帮助我们，不管结果如何，我们就应该心怀感激。即使结果没有达到我们的期望值或别人没有实现当初的承诺，我们要多点理解，少些简单粗暴的指责，或许别人也尽了全力，只是他们也有自己的难处。"

恋爱中的男女，更容易把一方的好当成天经地义。

有一个女孩叫小艾。周围的朋友都羡慕她命好，人长得漂亮，男朋友能干还对她特别好。

如果她下班稍晚一点，或者天气不好，男朋友疼惜她，不舍得让她下班时一个人回家，都会过去接她。虽然还只是初冬，可是突然来袭的寒流让气温骤降。小艾的男朋友打了电话给她，说过去接她。一下班他抓起自己搁在办公室的一件外套就直奔小艾的单位。可是等他匆匆赶到时，还是晚到了二十分钟。小艾这时把男朋友对她的好完全抛到了脑后，只想到自己这二十分钟是如何焦躁、无聊、难熬，心中充满怒火。

男朋友满怀歉疚地匆忙下车，还没站稳脚跟，那一句"亲爱的，久等了"还没来得及说出口，就被劈头盖脸一顿骂："要是没空就别来接我，我在这里等了你二十分钟，现在这天气多难挨你知不知道？"

　　她的男朋友原本满心怜爱和焦急，她的一番话，让他顿时愣在当场。为了早点接到她，为了不让她等，他一路争分夺秒，无奈交通状况不好，眼看着要迟到，他心里十分着急，担心小艾久等。而小艾劈头盖脸的一番责骂，让他不禁有点恍惚：小艾见到我，为什么不问问我冷不冷，辛苦不辛苦，她真的爱我吗？但他仍然压下心里的伤心，用带来的外套裹住小艾，连声赔不是。小艾却冷着脸，不依不饶。

　　后来，类似的事情一再发生，一点一点地耗尽了男孩对小艾的爱。

　　英国的约翰逊博士曾经说过："感恩是那些有教养的人才有的美德，你不要去指望从普通人的身上找到。"有的人往往是别人九十九件事满足了他的要求，可只要有一件事情没有如他的意，他就会忘记了那九十九件事，而唯独记得那不好的一件。遇到任何问题的时候，首先想到的是责怪别人，可能是我们最容易犯的错。

　　如果你是那位受资助的学生，不妨想想：别人不欠你什么，那个资助你的人也有他自己的生活，他不可能也不应当完全放弃他的生活和工作，你的信息他也没有义务秒回，你的问题他也没义务立即为你解决。他的好心不应该是你耍脾气的资本。对一个愿意为你付出的人，也应当给予别人适当的理解和尊重。

工作中这种情况也不少见。A 是我的同事，因为身体关系，他需要请三个星期的病假，单位便把由他负责的一项工作交由 B 代为处理。当 A 销假返岗后，B 将工作整理后，重新交给 A，A 却因此生出诸多不满，觉得 B 欺人太甚。

许多时候，我们模糊了别人的事和自己的事之间的界限，总是想依赖别人，当别人帮不到我们的时候甚至责备他人，把别人给我们的帮助、对我们的好当成理所当然。遇事的时候，往往容易问别人为什么，而很少想过自己凭什么。在这个世界上，每个人都是独立的个体，没有人有义务对我们好，也没有人有义务一直帮我们。对那些愿意帮助我们的人，我们要倍加珍惜、感激。一个懂拥有界限感，又懂得感恩的人，相信他的一生不会太差。

你知道得越少，就越容易固执己见

◈

人们一般知道得越少，就越容易固执己见，认为自己知道的那点就是全部。井底之蛙之所以会说天空只有井口般大小，就是因为它一直不曾见过外面的世界。当我们每天一抬头便是那一小片天空时，我们也一定会误以为这片蓝天就是整个世界。

有的时候我们认为自己有才华，不过是孤芳自赏；有时候我们觉得自己与世无争，其实不过是假清高；有时候我们觉得自己的坚持才是最正确的，其实不过是在盲目地固执己见。这个世界那么大，比我们厉害的人多了去了，真正的智者从来不说自己是智者，而稍有些见解的人却常常自以为是。有的时候我们觉得自己特别有能耐，只不过是因为社交圈子小、平台低、对手弱而已。

　　我的一个朋友小秦近期正准备跳槽。他目前在一家小企业工作，其实薪资并不低，同事相处也算融洽，但他一直都在找离开的机会，这次终于有了合适的选择。知道这事后，我问他："其实你在现在的单位做得也不错，为什么一直都想着要离开呢？"

　　他回答我："再不离开我觉得人都要废了。这家单位规模小，人员素质普遍偏低。在这里员工都比较年长，没有斗志，每天只想着如何打发时间。在这里，我只要认真一些，就能够做出很好的成绩。刚开始，我还觉得自己挺有能力、做得挺不错的，后来参加了一个业务交流会，我把自己与大企业同岗位的人放在一起时，发现他们工作的理念、阅历及眼界是我远不能及的。这时我才意识到，由于工作领域太窄，自己正在被目前的工作环境固化。从那以后，我便下定决心，一定要离开这个一潭死水的地方，去寻找一个即便待遇差点，但能提供学习机会、扩大个人视野的大公司。"

　　小秦还说，人最怕的不是没能力，而是没能力却又眼界小、见识低，还固执己见，以为自己十分厉害，这样只会害了自己。他不想日后自己面临这种状况，所以一定要趁着自己还没变得更糟糕之前，跳出这个令他不思进取的圈子，只有这样他才不会变成一个被周遭环境蒙蔽的人。他不想有一天，当企业倒闭之时，他也因为已经没有竞争力了，陪着企业一起死掉。

　　人不可一叶障目，更不可管中窥豹。受成长环境的制约和人生经历的影响，眼界越小的人，往往越容易固执己见，自然也就很难做出正确的选择。我们只有怀着开放的心态，真切地去了解这个世界，去看更多的风景、结识更多的人，一直保持虚心学习的心态，才有权去评论这个世界，才能更好地生活，更热爱这个世界。

理智的人不是没有情绪，而是不被情绪左右
◈

　　我们在生活中会见到一些人，他们似乎没有脾气，遇事不急不躁，处理事情干脆利落，从不拖泥带水，更不会带着负面情绪去面对工作和生活。他们的进退有度、大方得体、理智从容、温润优雅，他们是理性的化身，是人生的赢家。

　　但事实上每个人的生活都不可能一帆风顺，人生不如意事，十之八九，既然挫折、烦恼、痛苦是我们每个人都无法避开的，就不可能没有消极的情绪。因此，一个理性成熟的人，不是没有消极情绪，而是善于调节和控制自己情绪，不让自己的理智被情绪所左右而已。

　　记得一位心理学家说过："每个人都有情绪，但不同的是，有些人能够控制情绪，而有些人则是被情绪控制。"能否控制自己的情绪，在很多时候，往往能对一个人、一件事的成败产生决定性的影响。

　　宋毅是一个特别理智的人，至少他的同事们都这么说他。最近公司新来了一个什么都不懂的小姑娘，工作上常常出差错，而她的直属领导就是宋毅。有一次，宋毅要组织一个跨部门的项目协调会，安排小姑娘按照议程准备会议资料，并且提前布置好会议室。到了会议召开的时间，就在参会人员陆续走进会议室时，小姑娘却怎么也连接不上投影仪。好不容易投影仪可以正常播放会议材料了，宋毅又发现小姑娘准备的资料不是最终文件，里面缺少了最重要的财务分析……

　　大家都觉得宋毅被小姑娘弄得如此狼狈，一定会大发雷霆，可正当大家准备看戏时，宋毅只是拍了拍小姑娘的肩膀安慰道："没关系，不会就多学学，我像你这么大的时候，也是什么都不会，只是下次做事情要仔细些，如果不懂就多向别人请教。"

　　小姑娘原本做好了被骂的准备，甚至想好了说词。而此时，宋毅的一番安抚，让她鼻子一酸，眼泪差点流了出来。从此以后，她特别用心地工作，进步的速度非常快，再也没给宋毅惹过麻烦。

　　后来有一年年会，小姑娘已经升职为另一个部门的小主管，她去敬酒，问宋毅："一般人面对手下给自己惹了麻烦、让自己丢了面子，肯定都会大发雷霆，为什么你当时没有发脾气？难道宋哥你是一个没有脾气的人？"

　　宋毅说："每个人都有脾气，我同样也有，我和别人的区别只在于我不乱发脾气。当年那件事第一你不是成心的；第二你当时刚入职场有很多东西都还不懂，要罚也不应该就罚你一个，带你实习的同事也要一并处罚才算合理；第三，事情已经发生了，与其发火责怪你，不如给你合理的建议，帮助你尽快熟悉工作。"

小姑娘听完，受益良多，她想了想，觉得"发脾气是本能，控制脾气是本事"这话还真有几分道理。从此，在生活和工作中，遇到任何不愉快的事她都提醒自己放宽心胸，不与负面情绪纠缠。后来，她在职场之路上一直都走得相当顺遂。

拿破仑曾说过："我发现，凡是情绪比较浮躁的人，都不能做出正确的决定。成功人士，基本上都比较理智。所以，我认为一个人要获得成功，首先就要控制自己浮躁的情绪。"

历史上因为能够控制自己的情绪而被人称道的名人也很多，英国前首相丘吉尔是其中一个。据说有一次丘吉尔在一个公开场合演讲，他讲得正精彩的时候，有人从台下递上来一张纸条。丘吉尔以为是工作人员给他的提示，于是他便接过来打开，令他吃惊的是，纸条上赫然写着两个字：笨蛋。

丘吉尔看完后脸色并没有什么变化，他知道台下有反对他的人正等着他出丑，于是他便神色从容地朝着台下笑着说："就在刚才，我收到了一封信，可送信来的人只记得写了名字，却忘了写内容。"

　　简短而带着笑意的一句话，在无形中化解了自己的尴尬，也恰到好处地将了对方一军。如果这个时候，丘吉尔控制不住自己的脾气，不仅会正中送字条的人的下怀，事态的发展很可能也会失去控制。

　　能够掌握自己情绪的人，才能掌握自己的未来。

　　有一句话说得好：弱者任由情绪控制自己的行为，而强者只会让行为控制情绪。理性的人不是没有情绪，他们只是不会被情绪左右。努力用理智控制情绪，不要冲动，不要小题大做，不要对别人的一点小错就耿耿于怀，我们可以通过改变态度，进而改变人生。至少，当我们意识到需要改变的时候，一切就已经在朝好的方向发展了。

朋友不是垃圾桶，盛不下你的苦水和悲伤

有一个朋友，每逢遇到不开心的事情便喜欢在微信朋友圈里发牢骚："真是受够了这样的生活！""这个人怎么会这样啊！""哎，真的好难过，我也不想这样，可是我……""你们这么对待我，总有一天我会还回去的！"这类宣泄情绪的信息她差不多每天都会发。只看这些，觉得她简直就是这个世界上最不幸的人。

一开始许多人就权当生活的调味剂，入眼不入心地看一看，偶尔好心的朋友还会留言开导她。可是这些开导似乎对她并没有什么正面效果，有了回应，她的宣泄反而愈演愈烈。抱怨病发作的时候，她一天在朋友圈里能刷几十条垃圾信息。每当这时，不管她是不是真的郁闷，朋友们都先郁闷了，久而久之大家便不约而同地屏蔽了她。

更让人崩溃的是，在她被众人屏蔽之后，她似乎还没意识到这种总往朋友圈倒苦水的行为是多么不招人喜欢，她不开心时，就会

挨个去找大家倾诉。有时大家本来就很忙，加班到很晚，连饭都顾不上吃，拖着疲惫的身体回到家，身心俱疲，还得承受她喋喋不休的诉说，大家心中的郁闷可想而知。朋友圈里有个暴脾气的姑娘直接就朝她发了火："我说你还有完没完，你连买的点心不好吃都可以抱怨那么多，小石头磕到脚了也拿来向我们吐苦水，你当我们闲得慌是不是？我们是你的垃圾桶吗？"

　　这个朋友的故事不禁令我想到了某一位网友，当谈及那些滥吐苦水的行为，他说道："我很反感别人向我倒苦水，而几年前的自己就是这样的，好像全世界都对不起自己，整天都在抱怨。其实自己什么大道理都懂，可偏偏就是想要被别人安慰。后来我花了好几年的时间去改掉这个坏习惯，因为我慢慢明白一个道理，没有哪个人会愿意找不痛快，去主动靠近一个浑身都是负能量的朋友。朋友不是垃圾桶，真的盛不下我们那么多的苦水和悲伤。"

　　每个人都有自己的生活，在我们看不见的地方，大家都在为各自的未来而奋斗着，他们拼尽全力想为自己争取一个更好的未来，可我们却在他们忙碌、疲惫的时候完全不顾他们的感受，给他们增加负担。

　　人生总会有烦恼，负面情绪每个人都会有，只要你不要把别人当成情绪的垃圾桶，不要四处扩散自己的负面情绪，别人也就无权指责你。在不影响别人情绪的前提下，你的朋友们也会乐意倾听和建议。能理智地处理好自己的负面情绪的人，倾诉的时候不是为了发泄，而是为了解决问题。如果是这样，朋友的倾听也就有了价值，你也会发自内心地感激陪你度过那些难过的日子的朋友们。

但本文开头提到的那位朋友，与此完全不同。她是通过伤害周围的朋友来排解自己的不良情绪的。她不仅把自己的生活搞得乱七八糟，同时还在消耗别人生活中的美好。朋友愿意倾听我们的心事，为我们排忧解难，却不代表我们可以肆无忌惮地用垃圾情绪轰炸他们。不要总是用自己的负面情绪骚扰别人，不要让你的宣泄成为别人生活中不堪承受的重负。

生活本来就充满喜、怒、哀、乐，如果你给予别人的永远只有怒和哀，喜和乐就会和你无缘。

我们应该明白一个道理，如果一件已经发生的事情无法再改变，那就尽量不要再去抱怨了。因为倾诉与抱怨是没有用的，除了让关心你的人担心，让讨厌你的人开心，什么实质性的作用都没有。遇到了不开心的事情，我们可以偶尔向朋友们倾诉一下，心平气和地交流一下，但最好不要一而再，再而三地抱怨，并且使用一些语气特别恶劣的词，就好像别人亏欠了我们什么似的。朋友也不是一定要拯救我们于水深火热之中，除了我们自己，没人能当我们的救世主。遇到解决不了的事情，我们与其花那么多时间来找朋友倒苦水，还不如多想办法解决问题。今后遇到不顺心的事情时，请记得不要总找朋友倒苦水与述说悲伤，毕竟他们不是我们的垃圾桶，我们不要总给他们送去坏情绪，而要给他们带去关怀与微笑。不要让我们的不理智行为，使他们进退两难。

　　请一定要时刻提醒自己，不要成为让人避之唯恐不及的情绪"污染源"，因为只有那些能让生活变得越来越美好的人，才值得人们去交往、去爱。

不要等事情发生了，才知道自己是错的

◇

　　每个人的人生中总有某些不可承受之重，有些机会错过了就无法重来，有些错误一旦犯了就无法弥补，有些人失去了便没有再续前缘的机会。我们不要等到事情发生了，才知道自己是错的，那样只会令自己陷入一种深深的自责以及懊悔之中。

　　他与妻子是大学同学，两人一毕业就结了婚。结婚前他们就像所有校园情侣一样，轻松又甜蜜。那时，两个人最喜欢在大学校园里漫步，最喜欢大学后门的那条美食街，喜欢转角的那家咖啡屋。

　　工作后，她去了外企，他被一家研究所聘任。她因为工作能力出色、业绩突出，频频被委以重任，没多久就晋升为本地区的市场负责人。而他，工作依旧四平八稳，没什么起色。

　　就这样过了三年，两个人进入了婚姻疲惫期。男人习惯了和一帮兄弟去喝酒吹牛的日子，不管她怎么劝解，他充耳不闻，依旧常常不省人事地被送回家。

　　当他又一次醉醺醺地回到家时，她像往日一样，劝了他几句："别喝了，人必须要有朋友，但真正的朋友不该是酒肉朋友。而且身体是你自己的，伤了身体我再心疼也不能代替你难受。再说咱们还年轻，不能把时间就这样浪费在没有意义的应酬中。"

　　听完妻子的话，他不知怎么的，忽然就想起了兄弟们对他的嘲笑："你老婆比你还能干啊……"

　　他猛地甩开了妻子的手，看着她那张有点疲惫的脸，摔门而出。以前他从来不会夜不归宿，可这一夜他不知怎么了，就是不想回到那个家。

　　晚上十一点的时候，妻子给他发了一条短信："对不起，今天不该说你。降温了，早些回家吧，给你准备了惊喜。"

　　他看着短信嗤笑了一下。惊喜？生活已经过成这样了，还能有什么惊喜？于是他并没有回复这条短信，直接把手机放在一边。

　　第二天，他回到家的时候看见家里冷冷清清，一个蛋糕摆在桌上。他刚想喊她，手机却响了起来。电话里警察说了什么他记不得了，只记得自己连鞋子都没穿好就跑了出去。到了车祸现场，许多人围在那里。他不敢相信，不管不顾地往里冲……因为路段偏僻，昨晚肇事司机撞了她以后便逃逸了，一直到天亮后才有路人看见报警，而这时已经酿成悲剧……

后来他说，他从来不知道自己那么爱她。日复一日，人们容易变得麻木，渐渐忽略了身边的人。如果他知道那一夜会造成这样的后果，他就不会与她闹别扭，不会出去，这样她就不会死在去找他的路上。他后悔，忍不住问自己为什么没有回她那条短信，为什么让她如此担心？为什么在他们结婚三周年纪念日这一天会造成这样的悲剧？

人生总是这样：只有失去了之后，我们才后悔没有珍惜；只有当悲剧发生了，我们才会去忏悔。所以我们常常会听到这样的感叹："要是能再给我一次机会，我一定会……""如果……我一定……"要知道，并不是所有的事都可以重来：失去的生命、逝去的时光、远走的爱情都无法重来……正如东晋著名诗人陶渊明一首诗中所写的那样："盛年不重来，一日难再晨。及时当勉励，岁月不待人。"如果我们不想未来的自己后悔，那就把握好当下，过好每一个今天。

阿玖是北京某文学网站的编辑，因为眼光独到，刚进公司没两年就得到了总编的垂青。因为个人未来发展需求，他们公司的总编决定自己单干，创建一个新的文学公司。初期进行组建公司的时候，总编曾给阿玫抛过橄榄枝，希望她加入他的创业团队，并向她承诺保底年薪十二万元以上，另享有10%的分红权。因为对创业没信心，她婉拒了总编的邀请。

两年后，总编的公司蒸蒸日上。当时由于阿玖拒绝了总编的邀请，另一个同事代替了她。如今，那个同事在新的公司发展得非常不错，做出了许多口碑和销量都很不错的书，被任命为一个策划中心的总监，收入早已远超阿玖。这时，阿玖才发觉自己错过了什么，她悔不当初……

人生经常面临着这样或那样的选择，一个小小的选择有时甚至能改变我们的命运。

我们都是凡夫俗子，没有人能预料到未来会发生什么。没有谁事先知道，我们所选择的道路，哪一条通向阳光大道，哪一条通向独木桥。我们无数次站在人生的十字路口，茫然而不知所措。但不管怎么样，我们都应该理智分析，绝不能意气用事。深思熟虑，三思而行，把命运掌握在自己手中，对自己不可重来的人生负责。

这世间，没有任何人，也没有任何的机会，会一直在原地等你。

只有并驾齐驱，才能举案齐眉

随着年龄渐大，经常听到身边许多的女性发出这样的感叹："唉，谁谁谁又结婚了，嫁了个好男人。""谁谁谁的老公对她可好了，可惜就是穷。""我要嫁就嫁个又帅又多金的，一定要宠着我、疼爱我，不舍得让我吃苦，愿为我努力拼搏……"

每次听到这样的话语，我只能怅然一笑。想不起在哪儿读过一句特别犀利的话——别指望男人养着你，还要尊重你。真可谓话糙理不糙。

现在"80后"和"90后"的一部分，是最大的适婚群体。他们是从小就被父母宠爱的一代，如今他们长大了要成家立业，女人指望着男人在外打拼挣钱买房子、买车子，又希望他顺着你、宠着你，这些要求现实吗？姑娘们，你们所谓的男女平等这种时候到哪里去了？一个女人只有拥有"面包我自己挣，你只要给我爱情"的态度，才能撑得起自己想要的生活。当她遇到一段爱情，才可以爱得纯粹，爱得底气十足，绝不会因为钱爱上一个人，也不会因为钱离开一个人。

如果一个女人希望所有的压力都由男人来扛，他为你遮蔽了外边的风雨，或许你需要承受他给你的压力。俗话说："拿人手短，吃人嘴短。"你既然要他养你，自然就别再指望他对你百依百顺，掏心掏肺地尊重你。如果哪个女人真的遇到一个那样的男人，就偷着乐吧，也一定要好好珍惜，如此的小概率事件都被你遇上，只能说你是天之骄子、命运的宠儿。

曼曼有位姐姐嫁进了在深圳算是数一数二的豪门。从此以后，曼曼的姐姐就过起了豪门娇妻的生活，时常带着曼曼出入各大名牌店。最开始的时候姐姐刷卡买个几万元的包连眼都不眨，可到了后来，曼曼看姐姐逛街的时候常常都无精打采的，有时拿着喜欢的东西，看看又放下。

曼曼怂恿姐姐买，她摇了摇头就放下了。问及为什么，姐姐只是一脸苦涩不说话。其实花别人的钱多了，哪有花自己的钱舒坦？

例如今天购物花了几万元，老公收到刷卡短信，回去后他淡淡地问一句："今天又购物了？"姐姐立马觉得矮了三分，马上解释："嗯，实在很喜欢。"

姐姐说："即使老公对我购物这件事根本不在意，但接下来的好几天自己还是会满心忐忑，生怕他有意无意地再提起这件事，活得战战兢兢，毫无底气可言。"

曼曼的姐姐才初入豪门，这种境况还算是好的。她的邻居阿露结婚后就一直在家相夫教子，过着锦衣玉食的生活。可是丈夫常常几个月都不回家，回家就跟住酒店差不多，完全不顾她的感受。当年的恩恩爱爱和要相互扶持一生的承诺，早已灰飞烟灭。

假如两个人经济相互独立，家庭地位对等，何至于最后夫妻间连基本的尊重和情谊都丧失殆尽？

现在越来越多姑娘希望用自己作为筹码，去改变今后的人生，她们希望另一半能给自己提供一个良好的经济条件。然而，这个世界是公平的。尊重是责任的另一面，倘若一个人身上不曾肩负过任何责任，那么他也不配得到对方的尊重。每个人都应当为自己的未来而奋斗，也应当为自己的家庭和生活付出，哪怕很微小，但也好过奢望不劳而获却又总提出不合理的要求。

现在，我们更常见到的情况是 A 公司特有钱的外国总裁娶了一位中国女人，可这位中国女人其实也是 B 公司的执行总监，两个人彼此不相上下，也相得益彰。为许多人所津津乐道的香港女星徐子淇，她嫁给了香港富豪李家诚，可人们不知道的是她毕业于英国伦敦大学，擅长五门外语，除了拥有出挑的外貌还有不可多得的智慧。但凡能够在婚姻中获得另一半尊重的人，他们本身就不会太差。

婚姻中的对等与尊重从来都是建立在女人自立自强之上的，或许有人会说："我认识的一些人就是嫁了一位好老公，既不用她们赚钱，也不用她们付出，每天拿着老公的钱花也都过得那么惬意自在。"那么我想问，我们又岂知人家实际上过得怎么样呢？如鱼饮水，冷暖自知，幸与不幸其实也只有当事人知道。我们看到的往往只是表面，我们又怎么能够仅凭我们所见到的表象便认定这一切？没有人会愿意把不幸说给别人听，很多时候我们的幸福，只是我们不知道而已。

所以姑娘们，不要妄想一个男人养着你，还会给你全心全意的呵护与疼爱，对方对你尊重与迁就常常建立在他对你发自内心的欣赏之上。有时奢望做一个被男人豢养在金屋里的金丝雀，还不如努力让自己长出一双翅膀，在这云谲波诡的世界自由翱翔。

理智一些吧，生活毕竟不是童话故事，更不是狗血的电视剧，我们想要的一切一直都在我们手中。爱情有保质期，生活也同样有限度，不切实际地希望别人许我们一个安逸的未来，还不如自己为自己打拼一个天下，两个人只有并驾齐驱，才能举案齐眉。

反洗脑:
不要轻易让别人把思想装进你的脑袋

很多人做事之前拼命地动脑子，当真正着手去做时，反而把别人的主张当成自己的观点了。傻子是怎么炼成的？就是这样炼成的。如果你长了脑子，并且有幸是自己长的，那么就学会自己思考！

别人，不是衡量自己的标准

◈

德国哲学家尼采说："如果我们想走到高处，就要使用自己的双腿，而不是让别人把我们抬到高处，或者坐在别人的背上和头上。"别人不是我们的救世主，我们的成功也不可能一直依靠别人而获得，同样，别人也不是衡量我们的标准。每个人都有自己的路要走，自己的想法才是自己该有的人生准则。

你是否遇到过这种状况：当我们面临选择时，常常会有人在一旁替我们出主意，或者对我们即将要做的这些事进行评价。总有一些人劝我们选A，也会有一些人希望我们选B。做决定的人如果头脑比较清醒，可以在分析他人意见的基础上，完善自己最初的想法。可如果做决定的人本身就没什么主意，但凡外界有些不太统一的声音，他们便乱了阵脚，最后也不知道这件事情该不该去做了，好像自己的脑袋长在了他人身上一样。

有位美国的退伍军人曾在战场上负过伤，当他退伍时，由于年纪比较大了，所以一直都没有找到工作，别人经常劝他拿着抚恤金活着就行了，可他不听，依旧坚定自己的信念，继续找任职的机会。

有一次，他在街头看到一条招聘广告，是美国最大的一家木材公司在招聘员工。当他去求职的时候，这家公司的保安拦住了他："先生，您这个样子是绝对不会有人聘用您的。"他笑着对保安说了句"谢谢"。后来，经过了几道关卡，他终于见到了公司的副总裁，他把自己的想法告诉了副总裁，希望对方能够给自己一个机会，他想拥有一份正式的工作。

副总裁被他的毅力感动了，决定给他一次机会。副总裁说："美国中部有个州，那边有个烂摊子，你去帮我收拾收拾。那边与客户的关系比较恶劣，所以我派了许多优秀的经理人都没办法把欠款收回来。不仅如此，长期的恶劣关系还导致我们的公司形象受到了很大的损害。"

军人一听，非常慎重地对这位副总裁做出了承诺。他说："我一定会尽自己的努力完成您交给我的任务。"其实副总裁并不相信他真的能解决好这些事情，因为比他更优秀的人都没有完成这一项任务。

军人回家后家人听到他要去中部的消息，纷纷来劝说他不要去。周围有十个人，十个人全是不赞同他去中部的。倘若是别人，在这样的情况下，一定会放弃，可军人并不这样想，他认为这是一个很好的机会，于是他还是选择去了中部。

　　第二天他就去了中部，几个月以后他理顺了中部所有的客户关系，并且拿回来了几乎所有的欠款。他们公司在中部的形象也得到了很好的提升。副总裁对他刮目相看，于是把他推荐给了总裁。这一次总裁特意单独会见他，并且对他说："中部这几个拖欠款项的项目，一直是我们公司最头痛的问题，许多优秀经理人都无法解决它，唯独你解决了。其实中部问题并不仅仅是一个单纯的经营难题，它也是我们公司出给应聘者的一道考题。公司这几年一直在为远东地区选一位区域总裁，这个职位是我们公司最重要的一个职位，但是我们选择经理人的过程中，总是挑选不到最合适的人才，有些职业经理人很优秀，却不能很好地解决我们公司的难题。在解决问题的过程中，许多人会因为别人的看法而改变自己的观点，觉得之前那么多优秀的人才都无法解决，凭什么后来的人就能解决？于是很多想尝试的人都放弃了，也有些人愿意去尝试，但后来失败了，只有你做得最好。如果你愿意的话，我们希望聘请你担任这一职务，从今天开始，你就是我们公司远东地区的总裁。"

　　军人回家后，大家都以为他失败了，没想到得到了他成功的消息。这一次，他的职位不是这家大名鼎鼎的公司的小员工，而是远东地区的总裁，大家都觉得很不可思议……

很多时候，我们的命运就掌握在自己手中，别人说的话对于我们来说，只是一个建议，我们无须盲目地听从。假如一件事情我们真的认为是对的，那么就勇敢去做。作为一个人，最可贵的便是拥有自己独立的思想。倘若我们连自己的思想都要抹杀，那么便别怪别人将我们当作一个傻子，随意玩弄。

别人不是衡量我们的标准。第一，不要拿自己和别人做对比，别人不是我们，我们也不是别人；第二，不要随意将别人的话当作自己的人生信条，自己的人生自己去规划；第三，无论做什么事，一定要有自己的独立见解，不要别人说什么，自己就去做什么。

有一句话说得好，假如我们长了脑子，并且庆幸是自己长的，那么就让自己为自己思考吧。谁都没有资格为你的人生负责，你的未来掌握在自己手里。

将自己视若珍宝，别人才会重视你

◆

别人对待你的态度，取决于你对待自己人生的态度。当你自爱、优秀、独特时，他人才会尊重你、重视你、珍惜你。

我曾有一个同事，穿着邋遢，为人处世也不成熟，他有一个绰号叫"运动鞋"。在大家的印象中，无论春夏秋冬，无论是上班还是同事聚会，他永远都穿着他那双运动鞋，从不更换。有好事者，拿这鞋子的事情与他开玩笑，他黑着脸不解释，但依旧我行我素。

那年年末，公司组织客户答谢年会，明确要求参与人员一律着正装出席。没想到年会现场，"运动鞋"依旧是穿着那双运动鞋，总经理看见他这身装扮，认为在客户面前有损公司职业化形象，狠狠地批评了"运动鞋"的部门经理。

从那以后，公司上下都视"运动鞋"为异类，没有人愿意与他同一间办公室，也没有人愿意与他合作共事，到最后，公司里已经没有人愿意和他多说一句话。"运动鞋"最后只能选择离职。

办理离职手续的那天，他依旧穿着他的运动鞋。

我在想，一个人只有把自己当回事，才会有更多人把你当回事。如果你对自己都是敷衍了事，别人小看你、轻视你，甚至对你无礼，那也不足为怪。

其实在爱情里，"将自己视若珍宝，别人才会重视你"这句话依旧是真理。

日本女星藤原纪香因为相貌姣好，一直被日本男性视为梦中情人。2007年，她因为与阵内智则合作《第59次求婚》生情，短短四个月后便闪婚。藤原纪香这段感情从一开始便不被大家看好，原因是身为当红女星的藤原纪香在名气上、地位上、收入上都比身为谐星的阵内智则好太多。但藤原纪香并不在乎这些，在她看来，阵内智则虽然身材矮小，相貌也并不英俊，可他为人风趣幽默，两人也来自同一个地方，颇有共同语言。

婚后，藤原纪香刻意通过减少演艺活动令自己的收入与阵内智则的持平，并逐步淡出娱乐圈，专注照顾家庭。可她所做的所有牺牲，并没有获得阵内智则更多的爱意。面对媒体曝出阵内智则生活不检点的报道，藤原纪香选择原谅他，一而再，再而三地袒护他。

在这段感情中，藤原纪香可谓付出了一切，她一再地委屈自己，舍弃自己的尊严，换来的是阵内智则更加肆无忌惮。最后藤原纪香实在无法忍受阵内智则频频出轨，终于提出了离婚。

如果当初藤原纪香没有那么冲动地只考虑喜欢而无视其他差距，相信也不会给阵内智则这样伤害自己的机会。婚后她为他自降身价，一忍再忍，这时藤原纪香已经放下了自己的尊严，她一直在无限度地包容对方。或许也正是因为这样，阵内智则才更加不顾藤原纪香的感受，变本加厉。

在爱情里，女孩们在处理感情问题上要更理智一些，特别是发现对方并不爱自己时，那便无须再强求。一个人倘若在一段感情里一直低声下气，那么她也不可能在这段感情里获得幸福。人都是有惯性的，如果我们一直无底线地迁就对方，那么对方自然也就会养成目中无人的脾性，我们只有首先把自己当回事，理智地保持应有的底线，才不至于输得一塌糊涂。

在我脑海中有一段很深刻的记忆。12月的哈尔滨天气十分寒冷，大街上有一对男女在闹分手，男孩似乎想走，女孩跑上前去挽留他，不知男孩说了什么，女孩竟然当众给他跪下，哭得满脸泪痕。男孩似乎是觉得难堪，终于还是回头将她扶起，他低语几句，似乎是在安抚她，后来两个人一起离开了。我永远无法忘记那时男孩眼中敷衍与不耐烦的神色。

纵然女孩跪下了又如何，人生还如此漫长，难道女孩要一辈子委曲求全地待在他身边吗？倘若男孩要分手时她转身就走，或许日后还能在男孩心里留下一抹痕迹。女孩下跪之后，纵然男孩转身了，可这段感情又能维持多久？

一个人在一段感情中毫无保留地退让，自己都不把自己当回事，没有原则，没有棱角，那么也注定得不到自己想要的爱情。只有我们尊重自己、珍惜自己，才能换来别人的尊重。无论在感情上还是在事业上、生活上，这个道理同样适用。一个人只有将自己视若珍宝，别人才会重视你。

一个人经历得越多，抱怨就会越少

◈

我们在生活中难免遇到一些不开心的事情，有些人遇到这些事的第一反应就是抱怨，妄想通过抱怨避开问题，引起他人的注意。而有些人遇事不慌不乱，第一反应则是想如何解决问题。

一个人面对逆境的态度，其实也正是他对待人生的态度。

在许多不如意之事发生的时候，迅速解决问题才是最有效的方式，耗费时间做一些与解决问题无关的事情，比如唠叨、不甘、愤怒、嫉恨则是最愧对生命的做法。

有一句话说得好：当一个人经历得越多，他的抱怨就会越少。因为阅历丰富的人在遇到这些糟糕的问题之前，已经经历过了无数次挫折。他们曾经心烦过，或许也曾像我们一样想过抱怨，可后来他们发现抱怨是最无用，也是最浪费时间的事。有了这样的领悟和成长，当他们再次遇到不如意之事的时候，绝不会再抱怨了，取而代之的是做自己认为对的事。

与其遇事抱怨，不如去想、去做能够令自己迅速走出困境的事，这才是一种正确的人生态度。

前阵子中国老一辈民营企业家刘永好做客腾讯财经频道，在节目《抉择》上讲述了他的创业故事。刘永好说，他的三十三年创业路并不好走，几乎年年都会遇到困难，而每一年遇到的困难又都不同。他常常是今年解决了这个问题，明年又会遇上一个更棘手的难题。

刘永好说："创业这么多年，最令我难忘的一段经历是刚开始创业的时候，因为没有启动资金，所以我们四兄弟想到了去找银行贷款，也想过和生产队合作，但要么银行不肯借钱，要么生产队说集体企业不能与私人合作。总之，生活就这样把我们的希望一点点扑灭。"

他顿了顿，继续讲道："后来，我们就想了一个办法，把自己家里的收音机、自行车卖掉，然后凑了一千块钱，买了很多只鸡来养，那个时候就是靠卖蛋为生，一分钱一分钱地挣。后来资金有缺口，又去找亲朋好友借。最困难的时候没钱还给别人，我们几兄弟甚至想到要去跳江，那时候就想着跳下去一了百了，要是死了也就不用还钱了。"

刘永好说到这里时，脸上的笑容变得很淡然，这种从容是饱经风霜后的风轻云淡，他说："我还有另一段特别难忘的回忆。2013年的时候，国内爆发了大规模的禽流感，这可是我们肉蛋奶企业的大敌。当时我们公司为了不背信弃义，硬着头皮继续履行与养鸡农民的合约，继续收蛋收鸡，结果那一年我们损失了十多个亿。"

刘永好说他在创业的过程中，数次遇到了过不去的坎儿，有时候在最低谷时，他甚至面临着"还要不要再继续"的问题。在节目中他说，每当遇到这种情况，他脑海中不禁浮现出从前创业的经历。他就想，从下海经商至今，也经历了几十年，怎么连这点坎儿都过不去呢？怎么会连这点困难都解决不了，要在这上面失败？

主持人问他在这个过程中有没有想要抱怨？有没有和家人喊过苦？刘永好说，肯定是与家人说过苦的，但抱怨却从来没有过。第一是活到这把年纪了，还有什么样的磨难没经历过，没有必要去抱怨什么；第二是很多时候问题就摆在那里，并不是抱怨就能解决的。既然如此，那还抱怨做什么呢？

一个人经历的事多了，抱怨就少了。这句话确实有些道理。辛弃疾也说过：少年不知愁滋味，为赋新词强说愁。年少经历的事情少，所以才会觉得一丁点儿的小事都是大事，所以每一次的挫折对于我们来说都犹如五雷轰顶。那时的我们常抱怨、常冲动，其实也正是因为我们经历的磨砺太少，不够成熟，于是才会在一些小事上伤筋动骨。

真正的人生智慧是尽可能地去经历，然后再看淡一切不如意。不要让生活左右了我们的思想，而要用思想去影响我们的生活。

刘德华之前在做客《青春那些事儿》这档节目时，也回顾过自己并非一帆风顺的演艺生涯。他说自己曾经因为续约问题而被TVB冷藏，然后在很长一段时间内无戏可拍。那时他也想过离开演艺圈，从此不当演员了，可他每次与别人聊天时却又发现，自己其实是深爱着演戏的。于是为了继续待在这个圈子里，他就在当时群众演员的聚集地附近开了一间发廊。

刘德华说："那个时候我经常过去与他们聊天，聊一些演艺圈里的事情，这样会让我感觉自己还在演艺圈的氛围里。我现在没有遗憾，因为定下的目标几乎已经达到。我觉得，无论遇到什么样的不公平也不要抱怨，只要依着自己心里的节奏去走就好。"

　　没有人的人生是一帆风顺的，每一位优秀的人都经历过这样或那样的不如意，帮助他们走出困境的，往往是永不抱怨的人生态度。

　　越有自己想法的人目标就越明确，人生阅历越丰富的人就越不轻易抱怨与放弃。聪明人不抱怨，这其实已经是一种被认可的人生智慧。

经过判断思考以后选择的善良尤其可贵

◈

　　前几日微博有一个关于救助流浪狗的视频上了热搜榜前十。视频里一只狗蜷缩在垃圾堆中，那是一只可爱的哈士奇，白白的毛已经黏在一起，因为长期生活在恶劣的环境中，狗的皮肤已经溃烂。视频中几位救助站的工作人员慢慢走近它，画面中传出救助站工作人员的声音："我们已经关注它好几天了，它一直在垃圾堆里翻找垃圾吃，它应该是被主人遗弃的。"

　　画面中，工作人员慢慢靠近它，并且喂给它东西吃。狗一开始很戒备，后来慢慢放松了警惕，然后悲伤地呜咽了一声。画面一转，救助站工作人员已经将狗带回了宠物救治站。这只患了多种疾病的狗得到了救治，工作人员耐心地安抚受伤的它，并且为它梳理肮脏的毛发，为它溃烂的伤口上药。

视频中狗的身体状态令人疼惜，但同时，画面中救助站的工作人员的行为也令人敬佩。他们明明知道这只狗身上沾满了垃圾，毛发上遍布着细菌，它的身体正在流脓，可他们依旧本着对生命的尊重，上前救了它，给予它重生的机会。

有的时候，当我们遇到某些需要抉择的时刻，在经过思考后我们仍选择了善良，这样的选择既让人觉得敬佩也难能可贵。

还记得前阵子《扬子晚报》刊登了一篇采访报道，采访内容主要是关于国内两位年过半百的老人对贫困学子以及地震灾区的捐款行为。报道中说道，江苏盐城有位八十三岁的张忠泉老人，平常靠捡破烂为生，但是某一天他来到了盐城市慈善协会，毅然把靠捡破烂攒下来的积蓄十万元捐赠给了慈善基金会。这位老人为了积攒这笔钱，十几年没有买过一件新衣服，甚至身上穿着的都是捡来的旧衣。

而另一位捐赠的老人叫刘玉池。这位老人在深圳街头以卖艺为生，平常生活就很拮据的他听闻玉树地震，一瘸一拐地来到了捐款处，他对工作人员说道："上次汶川地震时，我捐了两百元，台湾水灾的时候我也捐了一百，这次身上只有五十多元，真是太过意不去了，真想捐多点啊……"老人声音里带着愧意。一旁的人听着老人哽咽的声音，再望着老人身上破旧的衣服，有人忍不住上前将随身带着的四百元拿给了老人，让老人拿回去买些好吃的补补身体，没想到老人推脱了几下，犹豫片刻后，又继续把那四百元捐了出去，他说："就当是好心人捐的吧，捐够了数我也放心了。"

这两位老人一位捐出了毕生的积蓄十万元，一位则捐出了卖艺辛苦得来的几十元钱。他们的钱来得都不容易，他们在生活中也处处需要着钱，可就在这样的情形下，他们还是义无反顾地将自己辛苦赚得的钱都捐了出去，将它们用在最需要的地方。这是一种英雄的大义，也是一个人身上最可贵的品德。

他们都知道，做这样一件事情虽益于他人但或许对自己没有任何帮助，他们已是耄耋老人，也不稀罕这些人世虚名，他们做的事不过是遵循本心罢了。但有时也恰好是这份本心，给了世人极大的震撼。

人活在这个世上，如果每个人都在"恶意"与"善意"中选择了善意，那么我相信这个世界一定会很美好。

在维也纳，曾流传着这样一个故事：

钢琴家李斯特有一天路过维也纳，发现在维也纳剧场前贴着一张海报，海报上写着"我师从著名钢琴家李斯特先生，明晚我将在维也纳剧场举行个人演奏会……"李斯特呆住了，他从来不记得自己在维也纳收过钢琴学生，怎么突然会有维也纳的学生呢？

晚上，有一位鬼鬼祟祟的女孩来到了李斯特的旅馆，并且找到了他，她一见到李斯特便哭着请求他的原谅。原来这位女学生生活很困窘，为了多挣一些钱，她只能假冒李斯特的学生。她向他发誓，她是真的热爱钢琴，希望他能原谅她鲁莽的行为。

李斯特并没有急着责备她，反而让她弹了一段钢琴。美妙的音符从她的手下流泻而出，李斯特思考了一下，对她说道："小姐，为了能够帮助贫困的人们，我可以贡献出我的一切力量。音乐会你可以开，我也愿意承认我是你的老师。另外，你还可以在你的海报上加上一句话：届时李斯特本人将会登台助阵演奏。"

其实李斯特本可以举报惩罚这名女子，可他在思考后并没有这么做，他不愿毁掉她的人生，反而选择助她一臂之力，也正是这样一个决定，为这个故事增添了一个温馨的结局。

人活在世上，我们可以有很多欲望、想法，也会看到许多丑恶现象的存在，但我们千万不要让愤怒与不甘毁掉了我们的善良，无论如何请坚持自己善良的本心，相信你终会有所收获。

经过判断思考后选择的善良十分可贵，但我们也只有保持着这犹如清水般纯澈的品质，才能禁得起生命中更多的沉浮，体验到最珍贵的感受。

活在当下才是最真实的依靠

在生命的旅途中，我们总会遇到这样的瓶颈期：不知为什么，忽然觉得自己迷了路，失去了方向和目标，想法飘浮不定，我们仿佛失去了对自我的认知，失去了喜悦和欢愉的能力，每天都活在浑浑噩噩之中。

其实这种状态谁都会有，我们一边担忧虚无缥缈的未来，一边又对眼前的生活充满迷茫，于是我们便陷入了深深的痛苦中。

人最重要的是要活在当下，只有当下才是我们最真实的依靠。

有句箴言说得好：你不努力的今天，是昨天死去的人渴望的明天。我们只有把握好了今天，才会得到自己想要的明天。有时与其为了追求不切实际的明天而生活在焦虑不安中，还不如清醒地睁开我们的眼睛，想想如何把握好今天。

我们要相信，当我们过好了当下，我们想要的明天才会到来。

德国化学家奥托·瓦拉赫一直是一位专注于活在当下的人，他的成功之路也极富传奇色彩。据说在他要就读中学之时，他的父母替他选择了文学，可是不到半年，他的老师便对他说："你十分用功，但是你的个性太拘谨死板了，你这样的性格是无法在文学上获得任何成就的。"奥托·瓦拉赫也承认老师所说的话，他思考了一下便改学了油画。在油画班，老师也无法接受他这样"笨拙"的学生，他既没有构图的功底，也没有调色的天赋，对于艺术的理解能力也不强，终于有一天，老师过来找他，并且给出了这样的评语："你在艺术上也不是可造之才。"

连连在文学与绘画上受挫的奥托·瓦拉赫并没有盲目固执地学习下去，他想，前面两条路都走不通，那么，什么才是自己擅长的呢？经过深入的思考，他决定去尝试学习化学。他的化学老师十分支持他这个想法，并且对他说："你做事情一丝不苟，具备学习化学这一门学科的品质，相信你以后一定会有所成就。"

化学老师果然所言不虚，在后来的日子里，奥托·瓦拉赫对化学产生了深厚的感情，而且在化学这一门学科上，他的聪明才智一下子被释放了出来，与这门学科碰撞出了激烈的火花。

1910 年，奥托·瓦拉赫获得了诺贝尔化学奖。1915 年他退休，人们给他的评价是，一生讲求实际，从不浮夸。奥托·瓦拉赫从不好高骛远，只做当前的事，从中学时期起他就认为一个人若想有所成就，一定要找准属于自己的路，充分利用自己的优势，一定要脚踏实地地做适合自己的事。懂得自己的优势在哪里，也勇于承认自己的劣势，再根据当前的实际情况为自己找到一条最适合自己长远发展的道路。

有许多人一直在奢求一些难以企及的东西，钱或权，或者制定一些不符合当前实际情况的目标，求而不得，因此又产生出一些负面情绪，以及做出一些不理智的行为。当自己制定的目标太遥远，短期内无法实现的时候，有些人便觉得社会对他们太不公平，于是便对当前的环境产生排斥心理。

其实我们有时间想那么多不切实际的东西，不如早些认清现实，活在当下，认真地做好当前每件事情。罗马不是一天建成的，你不迈开腿，怎么能抵达终点？而只要你走起来，再遥远的地方也可以到达。

柳传志其实最开始并不是商人，他是一位科研人员，而他创业的原因很简单，他说："我在自己四十岁那一年创业，是因为憋得不行。"那时正值"文革"后，在经过长时间的荒废后，大家都想做点事。当时他在中科院计算机研究所任总工程师，虽然也获得过一些奖项，但并没有转化成生产力。为了把技术推向市场，所领导给了包括柳传志在内的十一个人二十万元的启动资金，于是他们成立了北京计算机新技术发展公司。

二十万，对计算机这个行业来说，实在太少了。他说那个时候自己什么都不想，就觉得能干些什么就先干些什么吧。他卖过电子类产品，如电冰箱、电子表，还卖过服装和旱冰鞋，只要能挣钱，他什么都干。那个时候他最简单的想法就是"哪怕能挣到一点钱，可以用来给大家发工资也好"。

后来，柳传志找到了一个好的赚钱方法。那时国内很多单位从国外进口电脑，而进口的电脑全是英文系统，于是他们开发了联想汉字系统。他们把汉卡插在这些进口的电脑上销售，利润极高，柳传志就靠着这一项技术，在每一台电脑上面能挣一两万，赚到了第一桶金。后来的故事，就不用再说了，他成就了举世闻名的联想集团。

柳传志在开始的时候，并没有想着自己的那点钱什么都干不了，实现不了自己宏大的理想，整天担心、忧虑遥远的未来。而是立足当前，着力于解决眼下的生存困境，然后再去谋求长远发展。人有长远目光固然重要，可有些人总喜欢把目光放得太长远、太不切实际，不肯脚踏实地过日子，这样只能止步不前，离想要的生活越来越远。

一意孤行地追求一些遥不可及的东西，并且做出一些不理智的行为，只会让我们陷入一种想要却偏偏得不到的恶性循环中。

每一个踏实的当下，才是支撑起一个辉煌未来的最可靠的保障。

人可以自信百倍，但不能有半点狂妄

❖

在生活中，我们常常会遇到三种人。第一种人，他们做什么事都畏首畏尾，事事没信心，而这样的人尤其害怕独自去面对一些事。第二种人做事则雷厉风行，一个人为了梦想只身去一个陌生的城市打拼也无所谓，敢想敢干。第三种人则矫枉过正，自信到了自负的程度，事事要求别人以他为中心，好像地球缺了他都会停止运转似的。

从心理学的角度上说，有自信是非常好的一件事，因为自信能够帮助我们建立一个健全的人格，但自信过度则完全走向了反面。自信过度常常让人缺乏正确的认知，高估自己的水平，自以为是。

在加拿大，有一项全球民意调查，在这一项调查中有84%的中国人认为自己是"大材小用"，这就是很明显的认知偏颇。

　　这种情况其实在我们的生活中也普遍存在：有些人总觉得自己比领导更高明，自行其是，未经批准便自作主张，结果给公司带来巨大损失，也给自己惹了麻烦。而有的人，看别人做任何事情都觉得不顺眼，认为换成自己一定会做得更好。因此，常常对别人的生活和工作指手画脚。还有些人自视甚高，觉得自己德才兼备，其他人都无能且低俗，既看不惯同事，又瞧不上亲朋好友，最后闹得众叛亲离……

　　一个人要有自信，但绝对不能自大。有句话叫"成熟的麦穗都是低着头的"，一个成熟而富有涵养的人也是自信又谦逊的。只有那些不知道天高地厚的人才会自以为是、狂妄自大，最后不仅作茧自缚，还成了别人眼中的笑柄。

　　在一本叫《经贸世界》的杂志上，曾经刊登过一篇文章——《自以为是将导致失败》。文章里作者讲述了他的故事。他说作为一名营销者，他曾经接触过形形色色的人，在接触这些人的过程中，他发现了一个令人格外沮丧的现象。他说："非常多的人根本不明白自己很无知，他们对很多事情都不知道，但他们总相反地认为自己了解了一切。这种情况直接导致了这些人听不进任何劝告。"

文章里他写道，每当他要给来上营销课的学员讲课时，那些人就会发出各种反驳的声音："我有自己的经营方式与做事习惯，我觉得我不需要学习。""我认为参加这些课程没什么用，他们的成功一定都是因为幸运。""我觉得比起他们，我知道得更多。"他们完全不在乎营销学校究竟能举出多少个成功的例子，这些自信过度的人最后什么都听不进去，结果来上课的学员里并没有多少人能获得成功。

作者在文章的结尾处表达了惋惜并总结到："这些人的成就或许源于他们的自信，而他们的失败也恰好源于他们不知所谓的自信。就比如有些喜欢闹腾的猴子上蹿下跳总能吸引很多人的关注，但真正能够吃到人类所喂食物的猴子，都是一些站在人类身边默默接过果子的猴子。毫无根据地觉得自己高明，远不如头脑清醒地把握正在发生的事情。"

自信是把双刃剑，适度自信能给人带来正面影响，而过度自信往往给人带来负面影响。

富兰克林年轻的时候非常自负，他常常不可一世，处处咄咄逼人。他的父亲过于纵容儿子，从来没有管过他。

后来, 他父亲的一位挚友实在看不过去了。有一天, 他把富兰克林叫到面前, 与他深入交流了自负的种种弊端。他对富兰克林说: "孩子, 或许你自己都没注意到, 你在日常生活中太过自以为是了。不管是你的言语, 还是行为, 都常常让人感到难堪。你想想看, 你事事让人难堪, 别人心里会怎么想你? 人家受了你几次这样的侮辱后, 势必会离你远去。这样一来, 你身边的朋友会越来越少。"

富兰克林听了这番话后, 仔细想了想, 觉得父亲这位朋友确实是为自己好, 自己过去那种自负的态度得罪了不少人, 身边的朋友也越来越少了。于是, 他决定痛改前非, 与人交往的时候开始变得谦逊起来, 时时顾及身边人的尊严。不久, 他便从一个被人讨厌的自负者, 变成到处受人欢迎的人物。他一生的事业也得益于这次的转变。

在现实生活中, 一个人一旦自信过度就会变成自负, 而狂妄的人最后则会被现实狠狠一击。假如我们在生活中遇到了过于狂妄的人, 我们可以稍微提点他们一下, 倘若他们执迷不悟, 那便随他们去吧。除此之外, 我们应当包容和理解他们, 但同时要切记自省, 避免自己最后也成为这种人。

就像莎士比亚说的："骄傲的人，总是让骄傲毁灭了他自己。"

自信和自负是一枚硬币的两面，随时都可能转化。当人的自信变为自负，我们也就走向了另一个未知的深渊。所以，我们要让自信成为成功的通行证，却不能让自负成为失败的墓志铭。

你要学着自己强大

莉丝·默里成长于美国最脏乱差的贫民窟，她是一个流浪女，从八岁开始乞讨，但后来却毕业于美国最著名的哈佛大学，成为美国著名的演说家，也是美国人心目中的"奇迹女孩"。

1980年，莉丝·默里出生在一个嬉皮士家庭，她的家庭穷困潦倒，小的时候她和姐姐最爱的食物是冰块。她说："那个时候我们常常挨饿，我和姐姐只有吃冰块才有吃到食物的感觉。很饿的时候，我们还把一条牙膏分成两半当晚饭吃。"

莉丝·默里十五岁的时候，她的母亲死于艾滋病，父亲因为交不起房租而被赶出了住所，搬到了流浪者收容所，她的姐姐借住在朋友家的沙发上，她则流浪在纽约的大街小巷。莉丝·默里有的时候睡在运行的地铁里，有的时候蜷缩在公园里的长椅上，十六岁的她成了人们避而远之的又脏又臭的流浪女。

流浪的日子里，莉丝·默里一直记着母亲常说的一句话："总有一天，我们的生活会变得美好。"可她看着自己的模样却开始慌张，假如她一直这样，那么她想要的美好生活永远都不可能到来。

"就像我以前对我妈妈说的那样，我总觉得有一天我会搞定自己的生活，我开始意识到我不能一辈子这样活着，我必须强大起来，必须想办法拯救自己。"莉丝·默里觉得自己如果想要改变，那么最迟的时间就是现在。在莉丝·默里十七岁的时候，她给自己默默定下了一个目标，那就是当优等生，并且要求自己在两年里读完高中课程。

后来她想办法进入了学校，然后通过自己的努力感动了一位老师，这位老师帮她辅导，最后她决心报考哈佛大学。她听说《纽约时报》会给优等生提供奖学金，她又拼尽全力拿下了一等奖，并且以全优的成绩考进了哈佛。

莉丝·默里出生在一个贫穷家庭，曾经靠吃牙膏度日，当过流浪女，可最后却凭着自己的努力进入了世界知名的大学之一，她后来总结自己的人生就是"自己拯救自己"的过程。

当一个人内心足够强大了，那么什么困难都打不倒他，什么流言蜚语都无法摧毁他，纵然身处绝境，他也无所畏惧。

不就是失败吗？战胜它就好了。不就是不够好吗？改掉坏毛病就好了。不就是一无所有吗？那么就从今天开始替自己拼一个未来。这就是强大的好处，就像莉丝·默里一样，当发现自己身处在一个很糟糕的境况中，那就想办法去改变，为了自己心中的目标，甚至可以战胜一切恐惧。

莉丝·默里在她2003年毕业的时候，因为拥有强大的内心，美国著名主持人欧普拉·温弗里给她颁发了一个"无所畏惧"奖。她也作为励志人物的代表，见到了当时的美国总统克林顿和英国首相布莱尔。她还鼓励那些贫困儿童不要把生活的不如意当作自己堕落的借口，机遇从来就不是自己送上门的，而是靠自己去创造的。

莉丝·默里的经历其实也从另一个角度告诉我们，假如我们不学着自己强大，就没有人能帮助我们走出泥潭。与其想着"我不想过这样的生活""我不要我的人生变成这样""活着好痛苦"，还不如让自己变得更优秀，优秀到我们足以应对生活给我们制造的各种困难。

　　我们的人生始终掌握在自己手里，而过好它的秘诀始终就在我们身上，我们必须学会拥有强大的内心。

　　莉丝·默里的故事后来被改编成电影《风雨哈佛路》。影片上映后，很快成为人们心中的经典励志电影。

　　财富和成就从来都不是天赐的，一个人想要强大就要先试着改变。一个人的未来只有自己能改变，除了自己没人能帮助我们。

　　我们在生活中、工作上乃至家庭里常常会遇到麻烦，可是倘若我们不去想着解决麻烦，那么麻烦永远不会自己消失。同理，当一个人很脆弱的时候，或许会有许多人来安慰，可真正能让自己走出阴霾的却只有自己。

　　让自己变得强大一些吧。就像爱因斯坦说的那样："拥有百折不挠信念的人，他们的意志力比那些无敌的物质力量具有更强大的威力。"从今天开始，我们该让自己变得强大起来，直至对这世上的所有困难都无所畏惧。

沉住气，用理智战胜困难

◇

　　C是位设计师，曾经接过一个为国外某小镇做整体规划以及设计建筑风格的项目。他知道这个机会很难得，于是在项目招标的三个月前就开始做准备，那段时间他推掉了手头所有的活，专注于这一项工作。

　　很快，他的设计初步成型：一个沿海的小镇规划成树的形状，从高处眺望下来可以看到整个小镇的道路就如树枝一样延伸开来，而树的根部则与海连接，仿佛一棵种在大海边的树。小镇的整体建筑风格被设计成了地中海风格，圆顶的白色建筑与蓝色建筑交错在一起，小镇中央建了一座教堂，效果图还做出了白鸽飞舞的效果。这是一个绝美的小镇。

　　三个月很快就过去了，项目开始招标。因为项目设计得很用心，所以C也很有信心。可一到招标现场，他发现这一个项目竟有许多大公司前来角逐，在参加竞标的上百家公司里，甚至有世界上最好的建筑设计公司。此外，一些知名的设计师也以个人身份参加了这次竞标，其中就有他很喜欢的设计师斯丹尼。而他所代表的仅仅是一个小地区的建筑设计院。这一次他慌乱了，觉得三个月的努力会白费。

后来还没等到招标结果公布，他就心灰意冷地找主办方要求退出了比赛。C觉得自己虽然很用心，但在这么多名家面前，肯定是没有一丝一毫的机会的，所以他觉得连坚持到公布结果都没必要。而他退出这个项目后领导并没有责备他，兴许大家都觉得自己庙小所以肯定没机会。

五年后，当那个小镇的新闻再一次撞入C的眼帘时，他顿时心里一紧。

小镇的建设规划与他设计的差不多，交错的道路像树枝一样延伸，采用了与他的设计相似的处理手法。报道中介绍当初中标的是一家美国公司，原本美国公司出示的设计图是一种中规中矩的规划，但是小镇的镇长看上了另一种设计规划，可惜那家公司退出了招标会，所以他无权使用，于是他便要求美国这家公司最终的设计向那份设计稿倾斜，最终把小镇建成了如今的样子。

　　C终于明白，是他当年的懦弱让他与成为国内一流建筑设计师擦肩而过。

　　许多人在做事的时候常常会设想许多情景，做出毫无根据的预判：要么是质疑自己的资历太浅不敢争取，要么是觉得自己能力不足不敢接受更大的挑战，或者认为自己肯定挨不过当前的挫折，还不如早早有自知之明地放弃。其实有的时候成功就在我们的面前，我们与它的距离只有0.01厘米。

　　当我们年轻的时候，我们应当有沉得住气的魄力、毅力以及远见。当我们看见谁升职了、谁结婚了、谁嫁了个好男人、谁娶了个好老婆我们就沉不住气了，就开始怀疑自己的人生，并且质疑自己如今的努力是否有意义。其实上天并不会亏待任何人，只要我们有所付出，那么我们就必将有所收获，俗话说"有志者事竟成"。

　　沉不住气往往是不自信的表现。很多时候，人都太想证明自己，太想博得他人的关注和赞美，经不住任何的打击和失败。在事情没有发生之前，就把任何一点可能的不利放大到极致，用想象代替事实。

　　人生短暂，我们没有必要过于看重别人的看法、眼前的利益和结果。而要以放松的心态面对人生，放松不是不积极进取，而是更高的人生境界。很多时候，成功是努力的结果，功到自然成。就算暂时没有得到你想的结果，但尽了全力，问心无愧，也不会有太多的遗憾。心安才是最大的幸福。

沉住气是一种生活态度，也是一种生活方式，更是一个理性的人的生活智慧。

沉住气，不是让我们盲目地坚持，而是意味着人生中有些好的东西就是要靠我们慢慢等待才能获得。有些机遇需要等待，有些成功也需要我们去用心积累，急于求成的结果就是失败，或者失去一些本该属于我们的东西。

百度的创始人李彦宏说过一句话："坚持自己的选择，直到成功为止。"我们或许曾困顿迷茫过，也常常灰心，但没关系，当自己觉得无法坚持下去的时候就告诉自己，沉住气，"古之成大事者，不惟有超世之才，亦必有坚忍不拔之志"。

你以为的合群，其实是在浪费青春

　　个体心理学创始人《自卑与超越》的作者阿德勒有一个观点：人类的所有烦恼，都来自人际关系。回想我们从从小到大的生活，是不是只要一提起这个词，就有许多让你不能平静的画面和心塞的感觉涌上心头？

　　小时候，看着别人成群结队地玩闹，而自己只能坐在窗边默默地做试卷；大学里，一到晚上别人就会相约出去撸串，或者去酒吧热闹热闹，那些脸上洋溢的微笑诠释着什么叫青春，而自己好像总是形单影只；工作后，每天忙着加班，别人有着丰富的生活，而自己只能一个人待在家里做着手里未完成的工作。

　　当我们的人际关系不那么尽如人意时，我们陷入迷茫，甚至怀疑自己的人生是不是走上了岔道。看着其他人活得热热闹闹，而我们只能专注于自己的工作、生活，只能活在自己的小世界里，这时感觉自己似乎被这个世界遗忘了。

很多人认为朋友多了路好走，只有和他人的交往越来越密切，认识的人越来越多，我们才能够获得成功。不可否认，擅长社交是一个人终身受用的重要技能。但是，如果自己不够优秀，没有一定的价值，你认识的人再多，加入的社群再多，天天陪人推杯换盏，也换不来你想要的一切。你的价值越大，帮你的才越会多。与其把时间花在认识更多的人上面，不如把时间花在提高自己的个人价值上。绝不能因为过于注重人际关系的拓展而忽略了其他的成功因素，比如自身的能力、做事的态度、内心的执着、与他人的合作以及自身的修养等。

有的时候我们以为自己是合群，耗费大量的时间追求与他人之间的关系，表面上有许多朋友，而实际上这些不切实际的交往，并没有给我们带来多少帮助，只是在浪费我们有限的时间。

茹茹从大一开始写作，在那段时间，她每天除了上课便是在宿舍写稿子，而同班同学要么在宿舍里聊聊班内的八卦，要么一起出去逛街、打游戏。四年后大学毕业，茹茹已经出版了好几本书，在学生时代便攒下了一笔数目不小的稿费，而且毕业当年就以新锐作家的身份接受了几家媒体的专访。

大学刚毕业的时候，大家都在找工作，而这时茹茹已经接到了国内某一档节目的邀请，而且待遇不菲。

大学时茹茹的人际关系很平淡，与谁都能说得上话，却没有像其他人那样与谁都打得一片火热。她只是在该努力的时候清醒地知道自己该在哪个时间段做什么事，没有将时间浪费在一些毫无意义的事情上而已。

有一位心理学家说得好，他说人都是怕寂寞的，于是很多人都选择了合群。例如一间四个人的宿舍，假如三个人决定赌博，而另一个人说要学习，那么他就是不合群的；假如三个人决定逃课去喝酒，而另一个人不去，也是不合群的。当"合群"代表的是这些情况时，那么合群也就意味着我们其实正变得平庸，变得离优秀越来越远。

不理智的情况有很多种，冲动、矛盾、过激、盲目、自以为是，甚至分不清现实与虚无，无法清晰地明白自己的立场。随波逐流，有时也是一种不理智的行为。

如果一群人的狂欢是以自己的未来做代价，那么这种狂欢不要也罢。倘若我们所认定的合群是共同努力、携手奋进，就像合伙人一样努力为某一个目标而打拼，那才是一种值得追捧的合群。

在现实生活中我们常常遇到这样的状况：一些品德高尚、做事一丝不苟的大人物，他们在选择自己的合作对象时，往往都是独具慧眼的。就像是一些大企业任用贤能一样，哪怕某个人和总裁关系再好，可最后能出任首席执行官的人仍然不会是他，而是那些有手段、有魄力的人。

唐骏被誉为中国第一职业经理人。他1994年加入微软公司并不是因为自己认识比尔·盖茨，后来他成了微软中国公司的总裁也并不是因为他与比尔·盖茨是铁哥们。

我们经常陷入一个误区，以为人际关系好便能搞定一切，我们其实忽略了另一件事——实力才是这世上最有话语权的东西。

人们在寻求合作关系的时候，最先考虑的往往是最有力的合作对象，要么合作对象是最强的，要么是最能给自己带来利益的。其余所谓的人际关系不过是一些无关紧要的因素。人际关系有时会影响我们的成功，却绝不是决定性因素，决定性因素是我们的努力及实力。

当我们通过自己的能力获得自己想要的一切之后，才会发现我们当初挖空心思去讨好别人，追求热闹与合群只是在浪费时间。能让我们随意选择自己想要的生活，而不是被生活所选择的人，恰恰是我们自己。

现实世界是残酷的，你要明白我们的朋友圈中的"好友"，许多时候其实都是基于"价值交换"而被连接到一起的。既然如此，那么你能得到多少，其实取决于你自己能给别人带去多少价值。

理智一些吧，当我们有一天被别人仰望着的时候，我们会发现当初忍受的那些寂寞以及失落是多么正确。而那些和我们一同吃过烤串的友人，他们如今也奔赴各个岗位，在各自的工作岗位上埋头努力追赶。

那时我们便可以告诉自己，过去大家曾是同一个层次的人，而未来却因理智变得不同。